JN086770

改訂
第2版

プロが教える！

Final Cut Pro X

デジタル映像編集講座

月足 直人・YOUGOOD 著

本書を手にとっていただき、誠にありがとうございます。

ここ10年余りで、スマートフォンのアプリやパソコンソフトで、動画はだれでも簡単に作ることができる時代になりました。

その中でもAppleが提供するFinal Cut Pro Xは、プロの映像作家のみならず、YouTuberなどのビデオブロガーやアマチュアユーザーなど、幅広い層に使用されている映像編集ソフトです。

低価格にもかかわらず、カット編集からアニメーション制作、色補正、映像加工、音声補正、さまざまなフォーマットによる映像の書き出しといった、インプットからアウトプットまでのすべての工程を、1つのソフトでまかなうことができます。

本書は、高クオリティの作品を作っていく上での基本操作や概念を、実際に作品を作りながら学んでいく手法になっています。
まずは本に記載の手順通りに操作をして、同じ作例を作ってみてください。これで、Final Cut Pro Xでできる演出手法のベースを作り上げていくことができます。
そのうえで、「自分だったら、この作例はこんなデザインにしたい、アニメーションにしたい！」などオリジナリティを突き止めていくとより効果的になっていきます。

まずは模倣して、そこから自分らしさを演出していくことが、プロのクリエイターに近づく一歩であると考えています。

また、Final Cut Pro Xの関連アプリケーション（別売）であるMotionやCompressorについても一部解説しています。

最後になりましたが、本書の内容について「もう少し詳しく知りたい！」「上手くいかない…」などのご意見をいただいた際には、発刊後に補足情報やアレンジなどの追加コンテンツを公開する予定です。本書と合わせて、ぜひチェックしてみてください。

2023年1月
月足直人

CONTENTS

Chapter 1　入門編　Final Cut Pro Xでの基本的な編集 ……………………………… 7

Chapter 2　初級編　縦型の自己紹介動画を作ろう！ ………………………………… 43

Chapter 3　中級編　エフェクティブなシーンの演出 ……………………………… 83

Chapter 4　上級編　映像作品を編集してみよう！ ────────── 221

Chapter 5　総集編　プロモーション動画を作ろう！ ────────── 307

本書の使い方

本書は、Final Cut Pro Xのビギナーからステップアップを目指すユーザーを対象にしています。
作例の制作を実際に進めることで、Final Cut Pro Xの操作やテクニックをマスターすることができます。

● 制作環境について

本書は、以下のような原稿執筆時点の最新バージョンによる環境で制作および解説を進めています。

macOS Ventura…バージョン13.1　　　Final Cut Pro X…バージョン10.6.5
Motion…バージョン4.6.3　　　Compressor…バージョン5.6.3

Chapter

1

入門編
Final Cut Pro Xでの基本的な編集

Chapter 1では、Final Cut Pro Xのインターフェイスと操作方法について学んでいきます。
映像編集の基本となるカット編集でVlog動画を作成して、最終的な出力までの流れについても
解説します。

Final Cut Pro Xの特徴

Section 1

Final Cut Pro Xは、macOS専用の映像編集ソフトです。
近年はYouTuberやビデオブロガーに重宝されており、直感的に操作できるのが特徴です。
本書では、Final Cut Pro Xを使った映像編集の開始から完成までのステップを紹介します。

⠿ Final Cut Pro Xでできること

　Final Cut Pro Xはクリップとクリップをつなぎ合わせる【映像編集ソフト】です。さまざまなエフェクトやトランジションも搭載されているので、初心者の方でもハイクオリティな映像を簡単に編集することができます。

　音声調整についても、詳細な設定やエフェクトが用意されています。また、横型動画のみならず、縦型動画、正方形動画、360度動画も作成できます。

　さらにYouTubeや各種SNS用の動画の書き出し設定、Blu-rayやDVDの作成なども豊富に備わっており、作品作りのインプットからアウトプットまでFinal Cut Pro Xだけですべて行うことができます。

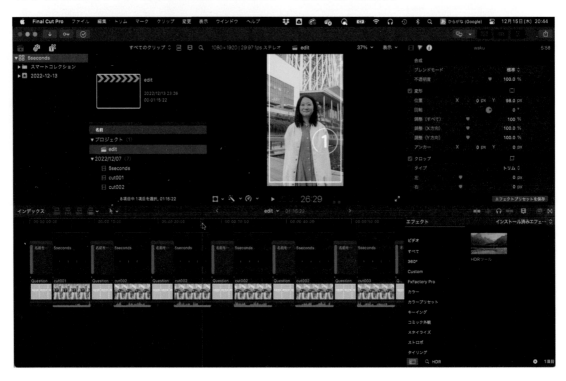

⠿ Final Cut Pro Xの特徴

　iPhoneとの連携に強く、シネマティックモードで撮影した素材を調整して、だれでも簡単にシネマティックで魅力的な動画に仕上げることができます。

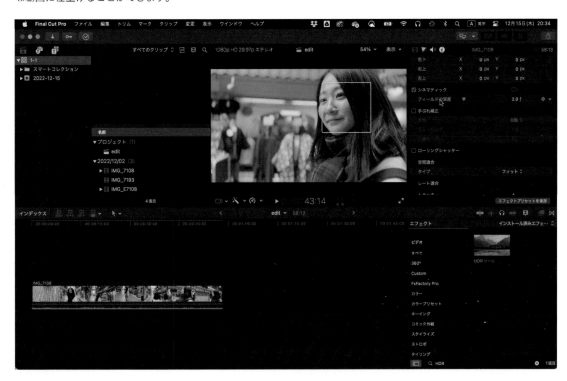

TIPS) iMovieとの連携

iOSやiPadOS、macOS版のiMovieで作成したプロジェクトをFinal Cut Pro Xで読み込ませることができます。
iMovieではできなかった編集方法を、Final Cut Pro Xで使えるようになります。

iOS版　　　　　Final Cut Pro X

∷ 関連ソフトとの連携

　【Motion】はFinal Cut Pro Xではできない映像加工やエフェクトの作成、【Compressor】は詳細な書き出しを設定することができます。本書では、その一部を紹介しています。

Motion

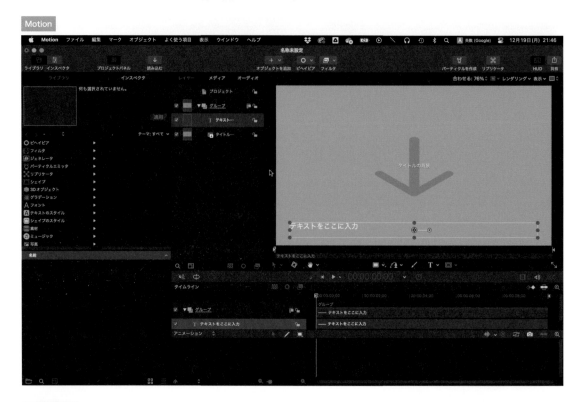

Compressor

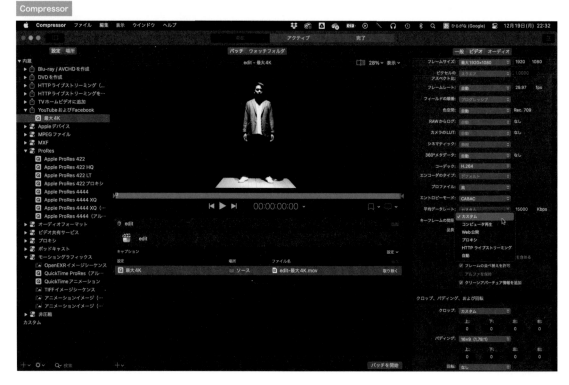

Section 1
2 Final Cut Pro X のインターフェース とセットアップ

ここでは、本書でFinal Cut Pro Xを使用する際のおすすめの設定とインターフェイスの表示方法を紹介します。

:: 環境設定を行う

Final Cut Pro Xを起動したら、最初に環境設定を行いましょう。
【Final Cut Pro】メニューの【設定】**1**（ command + , キー）を選択します。
【設定】ウインドウの【読み込み】タブを表示して**2**、以下のように項目をチェックして設定します。

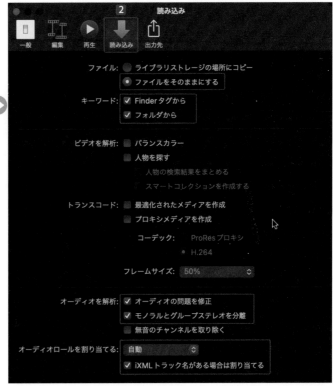

TIPS　ファイルをそのままにする

【ファイル】で【ファイルをそのままにする】を選択したのは、HDD内のファイル容量を極力減らすためです。
しかし【ファイルをそのままにする】にした際、Final Cut Pro Xに読み込んだメディアをmacOSのFinderで削除すると、Final Cut Pro Xのリンクが消えてしまいます。
一度削除されたメディアは元には戻らないので、消さないように注意してください。

：：インターフェイス

　ここでは、本書で主に活用するインターフェイスを紹介します。

　【ウインドウ】メニューの【ワークスペース】から【デフォルト】**1**（ command ＋ 0 キー）を選択すると、デフォルトのインターフェイスで表示されます。

　次に、【ウインドウ】メニューの【ワークスペースに表示】から【オーディオメーター】**2**（ shift ＋ command ＋ 8 キー）を選択すると、【オーディオメーター】が右下に表示されます。

　最後に、【ウインドウ】メニューの【ワークスペースに表示】から【エフェクト】**3**（ command ＋ 5 キー）を選択すると、右下に【エフェクト】ウインドウが表示されます。

本書では、以下のようなアプリケーションウインドウのインターフェイスで映像の編集を進めます。

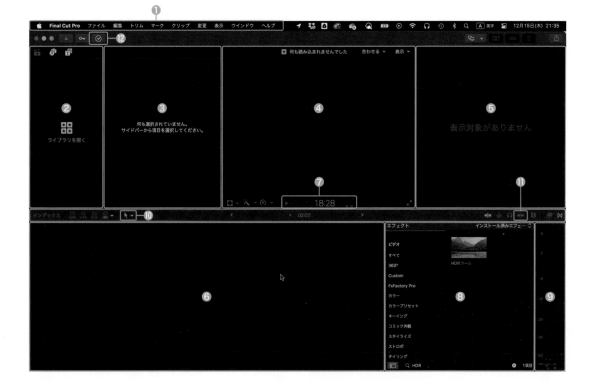

❶メニューバー

環境設定の変更や映像の書き出しなどのコマンドをメニューから選択できます。

❷サイドバー（ command ＋ ' キー）

編集データの元になる【ライブラリ】（15ページ参照）を管理できます。

❸ブラウザ（ option ＋ command ＋ 1 キー）

読み込んだメディアファイルとプロジェクトデータを管理します。

❹ビューア

タイムラインで再生している映像や選択した映像クリップが表示されます。

❺インスペクタ（ command ＋ 4 キー）

映像・音声クリップのアニメーションやエフェクトを調整します。

❻マグネティックタイムライン
（ option ＋ command ＋ 2 キー）

プロジェクトを作成して、映像・音声クリップを配置・編集します。本書では、【タイムライン】と記述します。

❼タイムコード

再生されている時間を表示したり、再生ヘッドを移動できます。

❽エフェクト（ command ＋ 5 キー）

搭載されているエフェクトが並んでいます。クリップにドラッグ＆ドロップすると、エフェクトが適用されます。

❾オーディオメーター（ shift ＋ command ＋ 8 キー）

タイムラインで再生すると、音声メーターが表示されます。

❿【ツール】バー

【選択】ツールや【ブレード】ツールなど、編集に使用するツールを選択できます。デフォルトは【選択】ツールです。

⓫【スナップ】ボタン（ N キー）

クリックしてオンにすると、再生ヘッドがクリップ間やクリップの先端などで"カチッ"と吸着します。

⓬【バックグラウンドタスク】ボタン（ command ＋ 9 キー）

クリックするとウインドウが表示され（35ページ参照）、映像の書き出しやレンダリングなど、並行して処理しているタスクの状況を確認できます。

TIPS　インターフェイスの変更

パネルとパネルの間にある境界線をドラッグすると、パネルの表示を拡大・縮小できます。
使用しているMacの画面に応じて、自分なりのワークスペースに変更できます。

TIPS　オリジナルのワークスペースを保存する

【ウインドウ】メニューの【ワークスペース】から【ワークスペースを別名で保存】❶を選択し、【ワークスペースを保存】ダイアログボックスで名前を付けて❷、【保存】ボタンをクリックします❸。
【ウインドウ】メニューの【ワークスペース】を確認すると、名前を付けたカスタムワークスペースが表示されます。

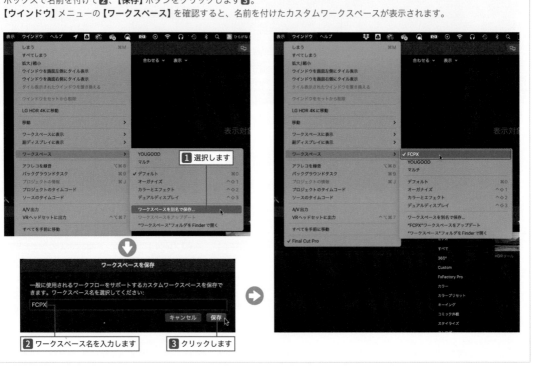

以上が、本書で使用する初期設定のインターフェイスです。
その他のインターフェイスについては、以降の作例とともに解説していきます。

Section 1

3 編集を行う設定とメディアの読み込み

ここでは、Final Cut Pro Xの特徴である【ライブラリ】や【イベント】、【プロジェクト】について解説します。

⠿ ライブラリを作成する

【ライブラリ】は、Final Cut Pro Xで編集する上でデータを管理するフォルダのようなものです。【ライブラリ】を作ることで、編集データの読み込みなどができます。

【ファイル】メニューの【新規】から【ライブラリ】**1**を選択します。

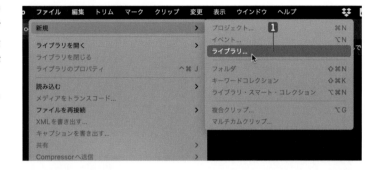

ダイアログボックスで【ライブラリ】の保存先**2**を指定して、【名前】**3**を付けて【保存】**4**ボタンをクリックします。ここでは、ライブラリ名は【1-3】にしました。

※1TB以上の空き容量がある外付けハードディスクに保存するのがおすすめです。

💡 TIPS ライブラリファイルについて

ライブラリは、拡張子が【.fcpbundle】のファイルです。
このファイルを削除すると編集データがすべて削除されるので、注意してください。

∷ イベントを作成する

【ライブラリ】サイドバーに【1-3】**1** ライブラリが表示され、【ライブラリ】の下部には【2022-12-15】**2** という項目ができています。

これは【イベント】と呼ばれるもので、読み込んだ素材などを管理するフォルダのようなものです。デフォルトで【イベント】は【ライブラリ】を作成した日付で表示されます。

【イベント】は新しく作成することができます。撮影日別に素材を分けたいときや、編集データだけ管理したいときに便利です。

【ファイル】メニューの【新規】から【イベント】**3**（ option ＋ N キー）を選択します。

【イベント】を作成したい【ライブラリ】**4** を選択し（ここでは【1-3】）、【イベント名】**5**（ここでは【撮影素材】）を付けて、【OK】ボタン**6** をクリックします。

【ライブラリ】サイドバーには、【撮影素材】イベント**7** が作成されています。

【イベント】は削除できます。【撮影素材】イベントを選択して右クリックし、コンテキストメニューから【イベントをゴミ箱に入れる】**8**（ command ＋ delete キー）を選択します。

ダイアログボックスが表示されるので、【続ける】ボタンをクリックすると削除できます。

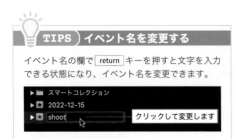

TIPS　イベント名を変更する

イベント名の欄で return キーを押すと文字を入力できる状態になり、イベント名を変更できます。

▶ ■ スマートコレクション
▶ ★ 2022-12-15
▶ ★ shoot　　　　　　　　クリックして変更します

∷ プロジェクトを作成する

次に編集を行う【プロジェクト】を作成します。
【ファイル】メニューの【新規】から【プロジェクト】**1**（ command ＋ N キー）を選択します。

【プロジェクト】を作成する【イベント】（ここではデフォルトで作成されたイベント）を選択して、【プロジェクト名】を【edit】にします**2**。

左下にある【カスタム設定を使用】ボタン**3**をクリックして、下記のように設定します。これは、一般的なハイビジョン映像の設定になります。

4ビデオ：
　1080p HD、1920×1080、29.97p
5レンダリング：
　Apple ProRes 422HQ
6オーディオ：
　ステレオ、48kHz

最後に、【OK】ボタン**7**をクリックします。

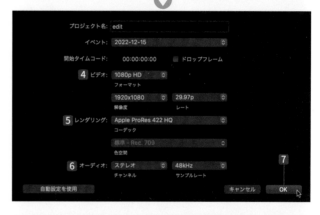

【edit】イベント**8**を選択すると、【ブラウザ】に【edit】プロジェクトが作成されています。
また、【タイムライン】にもタイムライン**9**が表示されます 。

∷ メディアを読み込む

最後に、編集に使用するメディアを読み込ませます。

【ファイル】メニューの【読み込む】から【メディア】**1**（command + I キー）を選択します。

【メディアの読み込み】ダイアログボックスが表示されるので、読み込ませたいメディアを選択します。ここでは、【2022-12-15】イベント**2**を選択します。

サポートサイトからダウンロードしたサンプルファイル【1-3.mp4】**3**を選択して、【選択した項目を読み込む】**4**ボタンをクリックします。

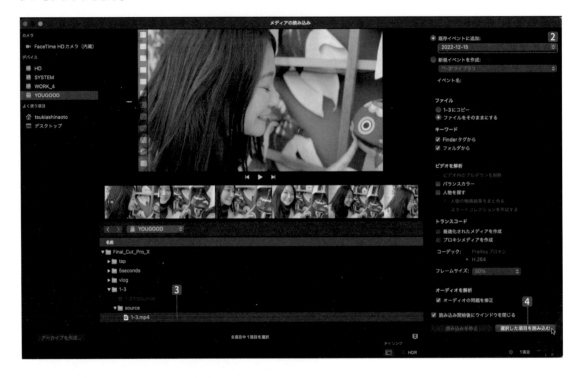

【2022-12-15】イベントのブラウザに【1-3】メディア**5**が読み込まれています。

【ブラウザ】の上部にある【フィルムストリップモード/リストモード切り替え】ボタン🖿 **6** をクリックすると、モードを切り替えられます。

本書では、【リストモード】で解説を進めます。

∷ 自動保存と終了方法

Final Cut Pro Xは、自動的にライブラリが保存されています。

【Final Cut Pro】メニューから【Final Cut Proを終了】 **1** （ command ＋ Q キー）を選択すると、アプリが終了します。

再びFinal Cut Pro Xを開く

ライブラリを開くときは、Finderでライブラリファイル **1** をダブルクリックします。
またはアプリケーションやDockから【Final Cut Pro】 **2** を開きます。

直近にFinal Cut Pro Xで編集作業したライブラリの場合には、【ファイル】メニューの【ライブラリを開く】の項目に表示されるので **3** 、選択してライブラリファイルを開きます。

メニューの項目にライブラリファイルが表示されない場合は、【ファイル】メニューの【ライブラリを開く】から【その他】**4**を選択して、【ライブラリを開く】ダイアログボックスで【場所を確認】ボタン**5**をクリックします。

ライブラリファイルを保存している場所を選択して、【開く】ボタン**6**をクリックします。

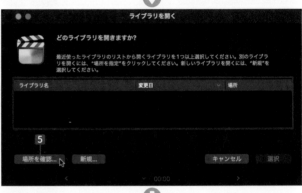

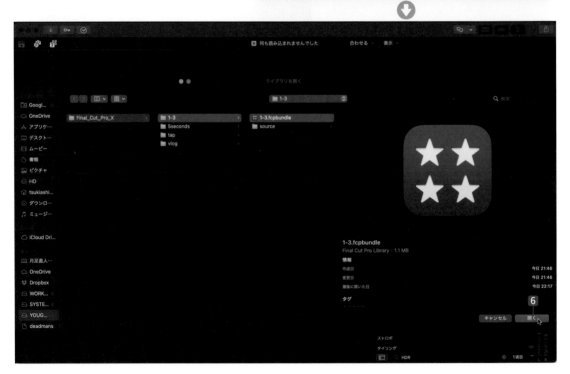

Section 1

4

Vlogを撮影しよう！

ここでは、日常を描いたVlogの撮影方法を紹介します。

:: 用意するもの

　本書では、【iPhone 14 Pro Max】と【DJI Osmo Mobile 6】をメインに使って撮影しています。

　【iPhone 14 Pro Max】だけでも十分なめらかで手ブレの少ない映像を撮影できますが、【DJI Osmo Mobile 6】を使うことで、より安定的なブレのない映像を撮ることができます。

　【DJI Osmo Mobile 6】は、横型動画も縦型動画の撮影でも瞬時に切り替えることができます。

横型動画撮影

縦型動画撮影

　【cut001】は【タイムラプス】で撮影しています。【iPhone】では【カメラ】アプリで【タイムラプス】を選択しています。

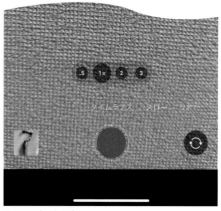

iPhoneのタイムラプス

【**タイムラプス**】は撮影でカメラが動きすぎると画面がうるさくなるので、できるだけゆっくりと動いて撮影しましょう。

　ここでは、女性モデルが建物の上に登る様子をタイムラプスで撮影しています。
　カメラマンは最初の位置からゆっくりと体を動かして、被写体をカメラで追いかけています。

【**cut002**】は滑り台を滑る様子を引きのアングルで通常撮影します。

【**cut003**】はモデルに【**DJI Osmo Mobile 6**】を持ってもらい、セルフィーで撮影します。

Section 1
5　Vlogを作ろう！

完成動画 1-5

ここでは、編集の基本となるカット編集を解説します。ツールの使い方や書き出し方をマスターしましょう！

⸬ アプリケーションを開く

　【アプリケーション】フォルダにある【Final Cut Pro】アイコン**1**をダブルクリックして開きます。

⸬ 新規ライブラリの作成

　【ファイル】メニューの【新規】から【ライブラリ】**1**を選択します。

　保存先を選択します。ここでは、HDD内にダウンロードしたフォルダ【vlog】**2**を選択します。

　ダイアログボックスで保存先を指定して【名前】を【vlog】にし**3**、【保存】ボタン**4**をクリックします。

::: メディアの読み込み

　【ファイル】メニューの【読み込む】から【メディア】**1**（ command ＋ I キー）を選択します。

　【メディアの読み込み】ダイアログボックスで【vlog】フォルダの【source】から【cut001.mp4】〜【cut003.mp4】**2**を shift キーを押しながら選択して、【選択した項目を読み込む】ボタン**3**をクリックします。

クリップが読み込まれています❹。

:: 新規プロジェクトの作成

【ファイル】メニューの【新規】から【プロジェクト】❶（command + N キー）を選択します。

【プロジェクト名】を【edit】❷に設定します。

【ビデオ】は【1080p HD】❸、【レンダリング】は【Apple ProRes 422 HQ】❹を選択してください。

その他の設定は、図のとおりです。【OK】ボタン❺をクリックします。

【タイムライン】パネル**6**に作成した【プロジェクト】が開きます。

クリップを並べる

【ブラウザ】で【cut001】～【cut003】クリップ**1**を shift キーを押しながら選択します。

ドラッグしてタイムラインに配置します**2**。

space キーを押すと再生し、【再生ヘッド】が左から右に進みます。

TIPS 【再生ヘッド】を移動する

【タイムコード】にマウスカーソルを重ねると【再生ヘッドを移動または継続時間を変更します】と表示されます。この状態でクリックすると、数値を入力して【再生ヘッド】を移動できます。

27

【タイムライン】パネルをドラッグして、【再生ヘッド】を進めることができます。

→キーを押すと1フレーム進みます。←キーを押すと1フレーム戻ります。

shift ＋ →キーを押すと10フレーム進みます。 shift ＋←キーを押すと10フレーム戻ります。

↓キーを押すと、次のクリップの切れ目に進みます。

↑キーを押すと、次のクリップの切れ目に戻ります。

💡 **TIPS** フレーム

ここでは、プロジェクト作成の際に【レート】を【29.97】を選択していますが、これは1秒間に30枚の静止画像が連なっていることを意味します。【23.98】は24枚で、主に映画の編集で使用します。【59.94】は60枚で、ヌルヌルとしたなめらかな動きになりますが、パソコンに負荷がかかります。

💡 **TIPS** タイムラインの拡大縮小

【タイムライン内のクリップの外観を変更します】▦をクリックします。
虫眼鏡のスライダーをプラス方向に移動すると、タイムラインが拡大します。

マイナス方向に移動すると、縮小します。

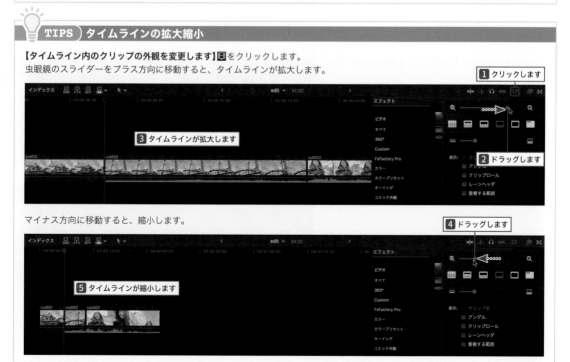

⠿ カット編集する

ここから、実際の編集になります。【再生ヘッド】を【7フレーム】**1**に移動します。

【ツール】バーから【ブレード】ツール**2**（ B キー）を選択します。

【再生ヘッド】の位置**3**でクリップをクリックするとカットされます。

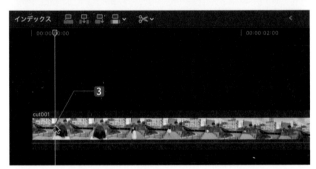

【ツール】バーから【選択】ツール**4**（ A キー）を選択します。

カットされた【cut001】の左側**5**を選択します。

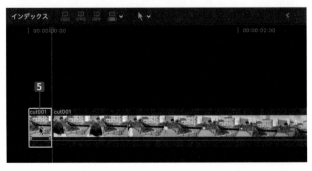

〔delete〕キーを押すと、削除されてクリップ全体が左につまります**6**。

【再生ヘッド】を【8秒15フレーム】**7**に移動します。【ツール】バーから【ブレード】ツール**8**（〔B〕キー）を選択します。

【再生ヘッド】の位置**9**でクリップをクリックするとカットされます。

【ツール】バーから【選択】ツール**10**（〔A〕キー）を選択します。

カットされた【cut002】の左側**11**を選択します。

delete キーを押すと、削除されてクリップ全体が左につまります**12**。

【再生ヘッド】を【9秒7フレーム】**13**に移動します。
【cut002】クリップの右端**14**をクリックして左にドラッグします。

【再生ヘッド】の位置に吸着して縮まります**15**。

💡 **TIPS** もしカチッと吸着しない場合：スナップ機能

クリップをドラッグするとき、【スナップ】がオンになっていると、カチッとクリップの切れ目で吸着して止まります。
基本的に【スナップ】はオンにしておきましょう。

【26秒21フレーム】16に【再生ヘッド】を移動します。

【cut003】クリップの右端17をクリックして、左にドラッグします。

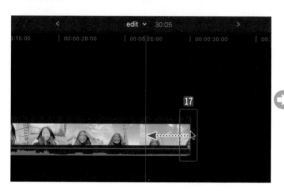 

全部で26秒21フレームの動画が作成されます。

:: 音声ノイズを活かす

【cut2】クリップ1を選択して、【オーディオインスペクタ】2を選択します。
　【ノイズ除去】3がオンになっている場合は、オフに変更します。このようなVlogでは、環境ノイズを活かすほうが臨場感があります。

【cut003】**4**も同様に、【ノイズ除去】**5**をオフにします。

【ノイズ除去】がオンになっているのは、11ページで紹介したファイルの【読み込み】ウインドウで【オーディオを解析】の【オーディオの問題を修正】を設定しているためです。

∷ 動画を書き出す

【ファイル】メニューの【共有】から【ファイルを書き出す（デフォルト）】**1**を選択します。

【ファイルを書き出す】ダイアログボックスで【設定】**2**をクリックします。

【フォーマット】を【コンピュータ】**3**に設定すると、【mp4】の動画が作成されます。

その他は、図のとおりです。

　書き出し先を選択します。ここでは、HDD内の【vlog】フォルダを選択しました。

　【新規フォルダ】4 を選択します。

　フォルダ名を【kakidashi】5 にして、【作成】ボタン6 をクリックします。

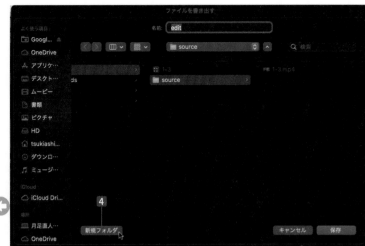

　名前を【vlog】7 にして、【保存】ボタン8 をクリックします。

　左上にある【"バックグラウンドタスク"ウインドウを表示/非表示】9 をクリックすると、書き出しの状況10 が確認できます。

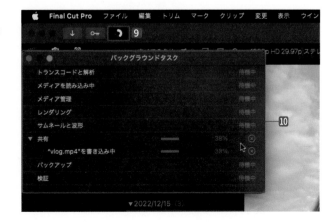

書き出しが終わると、【QuickTime Player】が起動します。

再生して確認してみましょう！

ここでは、Final Cut Pro Xを起動したときにメディアのリンクが外れている場合の対処方法を解説します。
例えば、以下のような編集を進めているライブラリがあります。

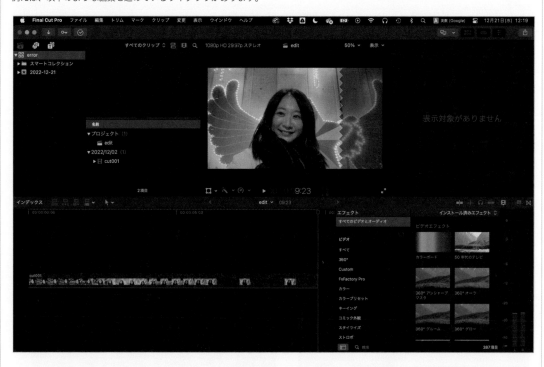

ライブラリで使用しているクリップファイルを削除、または別のHDDなどに移動した場合には **1**、【**ファイルが見つかりません**】**2**
と赤いエラークリップが表示されます。

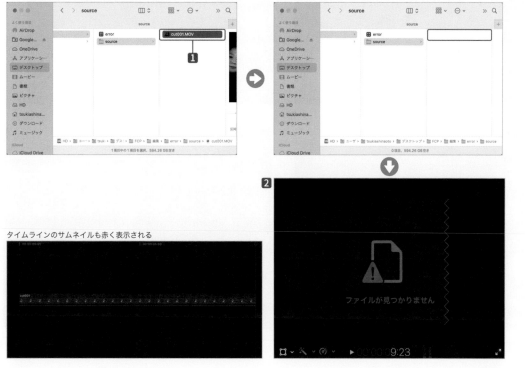

タイムラインのサムネイルも赤く表示される

次ページに続く

ファイルを別のHDD内などに移動した場合

【ブラウザ】でエラークリップを選択して **1**、【ファイル】メニューから【ファイルを再接続】にある【オリジナルのメディア】**2** を選択します。

【オリジナルファイルを再接続】ダイアログボックスで【場所を指定】ボタン **3** をクリックします。

ファイルがある場所に移動して該当ファイルをクリックし **4**、【選択】ボタン **5** をクリックします。

【ファイルを再接続】ボタン **6** をクリックすると、ファイルのリンクが復帰します **7**。

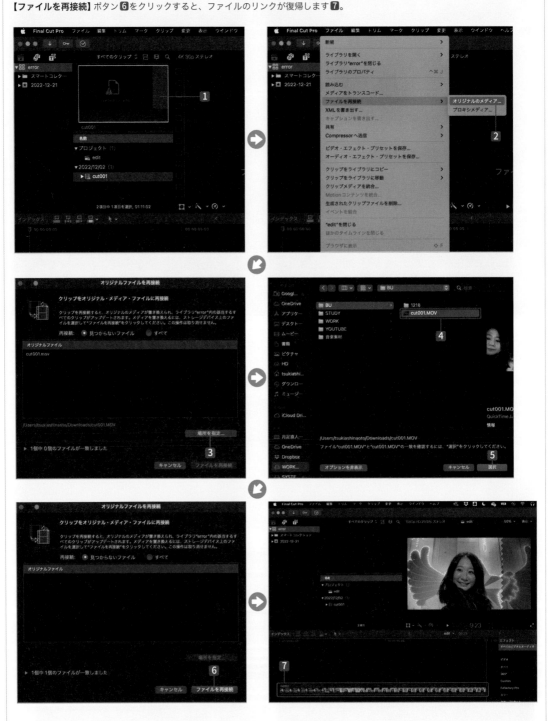

次ページに続く

ファイルを削除してしまった場合

この場合は、ファイルのリンクは復元できません。
事前対策としては、ファイルを二重にコピーして保存
するか、【Final Cut Pro】メニューから【環境設定】
を選択して **1**、【環境設定】ダイアログボックス
（ command ＋ , ）の【読み込み】パネルで【ファイ
ル】の【ライブラリストレージの場所にコピー】 **2** を
選択します。

ただし、HDDで使用するファイル容量がとても大き
くなるので、注意しましょう。

TIPS レンダリングファイルを削除する

HDDの容量が少なくなったときやレンダリングファイルを一度削除したい場合は、レンダリングファイルを削除したいライブラリを選択して❶、【ファイル】メニューから【生成されたライブラリファイルを削除】❷を選択します。

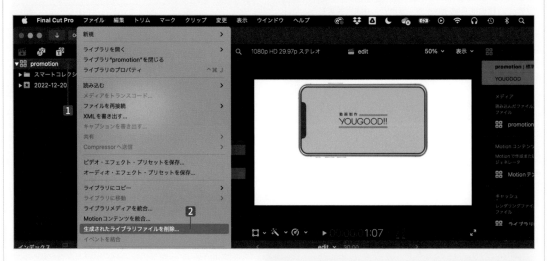

ダイアログボックスで【レンダリングファイルを削除】をチェックして❸、【不要ファイルのみ】または【すべて】を選択し❹、【OK】ボタン❺をクリックすると、レンダリングファイルが削除されます。

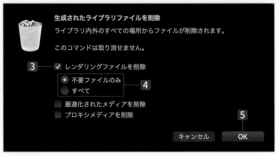

TIPS よく使うショートカット

取り消し（ command ＋ Z キー）

操作を取り消して、前の状態に戻します。

すべてをブレード（ command ＋ shift ＋ B キー）

縦に連なったクリップを再生ヘッドを合わせて実行すると、複数のクリップを一度に分割します。

次ページに続く

ギャップ（option + W キー）

基本ストーリーラインに何もない空白のクリップを配置します。

【トリム】ツール（T キー）

クリップ間を掴んで、総尺を変更しないでクリップ間の終了点と開始点をずらすツールです。

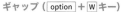

TIPS　コマンドのカスタマイズ

Final Cut Pro Xは、キーボードコマンドの設定をカスタマイズすることができます。
【Final Cut Pro】メニューの【コマンド】から【カスタマイズ】❶（option + command + K キー）を選択します。

次ページに続く

タイムラインのズームイン・ズームアウトなど、キーボードによってショートカットが異なるので、筆者はカスタマイズしています。
【コマンドエディタ】ダイアログボックスの右上にある検索窓に【ズーム】2と入力します。
【ズームアウト】3の項目を選択して使用したいキーを押し、【割り当てを変更】4をクリックします。筆者は【-】を使用しています。

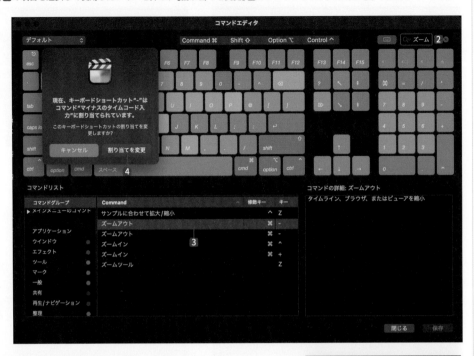

ここでは、【コマンドセット】の名前を【ZOOM】5と入力しています。
【ズームイン】6の項目を選択して使用したいキーを押し、【割当てを変更】をクリック
します。筆者は【¥】を使用しています。
最後に【保存】ボタン7をクリックして、ウインドウを閉じます。

【Final Cut Pro】メニューをクリックして、【コマンド】から自身で作成した【コマンド（ここでは「ZOOM」）】8を選択します。

これで、オリジナルのズームインとアウトのショートカットができます。

Chapter

2

初級編
縦型の自己紹介動画を作ろう！

Chapter 1では基本的なカット編集を学びました。Chapter 2では、さらに掘り下げてテロップ作成や映像の装飾などを行い、最終の書き出しまで行ってみましょう。

Section 2

1 縦型動画の自己紹介動画を撮影しよう！

最初に縦型動画を撮影するために必要な機材を紹介します。

∷ 用意するもの

　三脚とスマートフォン用のホルダーです。縦型動画でも撮影できるものを用意します。

縦型で撮影できます。

横型で撮影できます。

∷ 撮影内容

【cut001】〜【cut004】は三脚に縦型でiPhoneをセッティングして、通常の撮影を行います。

TIPS 自然な笑顔を作るために

撮影時、本番になると表情が硬くなるモデルもいるので、撮影をしていないときもコミュニケーションを取って、自然体の会話ができる雰囲気作りをしましょう。

ディレクターが質問をします。

言い終わったら、5秒のカウントを手で表します。0になったら、次の質問に行きます。

　5秒で回答を区切った理由は、考える時間もなく思った答えが瞬時に出るので、自然体の会話を演出することができるからです。もし自己紹介などの動画を作る際は、制限時間など設けるとエンタメ性のある自己紹介動画を作ることができます。

完成動画 2-2

Section 2
2
5秒で自己紹介する動画を作ろう！

ここではカット編集、タイトル作成、飾り付け、音声調節などを網羅して、1つの映像作品を作っていきます。
かなりハードルは高くなりますが、作業自体は基本的な操作だけなので、ぜひ最後まで諦めずに作ってください。

:: 新規ライブラリを作成しよう！

【ファイル】メニューの【新規】から【ライブラリ】■を選択します。

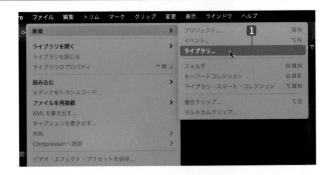

保存する先を選択します。ここでは、HDDにある【5seconds】■を選択します。
ダイアログボックスで保存先を指定して【名前】を【5seconds】■とし、【保存】ボタン■をクリックします。

メディア（動画や静止画）を読み込もう！

　【ファイル】メニューの【読み込む】から【メディア】**1**（ command ＋ I キー）を選択します。

　【メディアの読み込み】ダイアログボックスで【5seconds】フォルダにある【source】から【5seconds.mov】と【cut001.mp4】～【cut004.mp4】と【Question.mp4】と【waku.png】を shift キーを押しながら選択**2**して、【選択した項目を読み込む】ボタン**3**をクリックします。

新規プロジェクトを作成しよう！

　【ファイル】メニューの【新規】から【プロジェクト】**1**（ command ＋ N キー）を選択します。

【プロジェクト名】を【edit】**2**に設定します。

【ビデオ】は【縦】**3**、【解像度】は【1080×1920】**4**、【レンダリング】は【Apple ProRes 422 HQ】**5**を選択します。

その他は図のように設定して、【OK】ボタン**6**をクリックします。

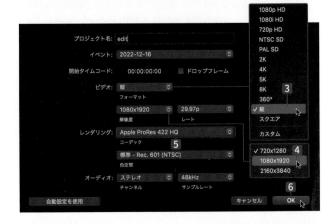

∷ クリップを並べよう！

【ブラウザ】から【cut001】〜【cut004】クリップを shift キーを押しながら選択し**1**、ドラッグしてタイムラインに配置します**2**。

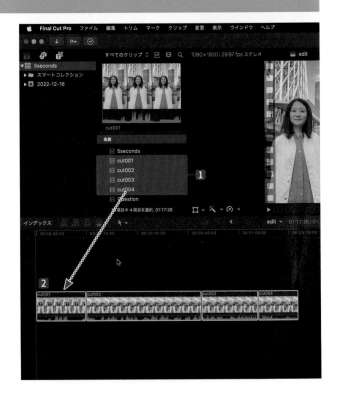

Chapter
2

：【cut001】をカット編集しよう！

　ここから、実際の動画編集になります。【再生ヘッド】を【5秒10フレーム】**1** に移動して、【ブレード】ツールでカットします**2**。

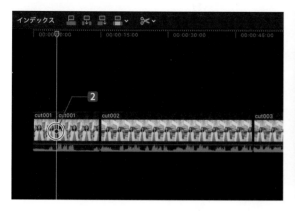 

　カットされた【cut001】の左側**3**を【選択】ツールで選択して、deleteキーで削除します。
クリップ全体が左に詰まります**4**。

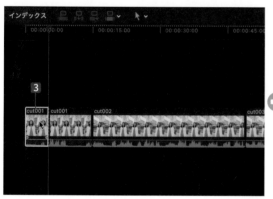 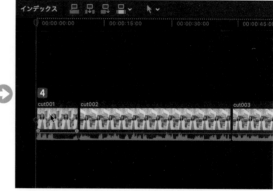

　【ブラウザ】から【5seconds】**5**を選択して、
【cut001】の上に配置**6**します。

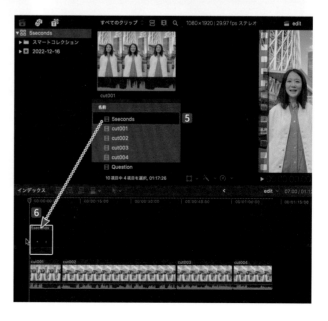

　配置した【5seconds】を右クリックして、コ
ンテクストメニューから【継続時間を変更】**7**
（`control`＋`D`キー）を選択します。

【再生ヘッドを移動または継続時間を変更します】で数値を【529】**8**と入力し、`return`キーを押します。

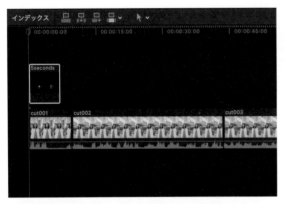

　【5seconds】クリップが**5秒29フレーム9**になります。

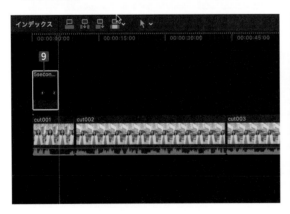

【cut001】の右側をクリックしてから、左にドラッグ
🔟すると縮みます。

　上に配置した【5seconds】の右端⓫までドラッグし
ます。

⠿ 【cut002】をカット編集しよう！

【9秒26フレーム】❶に【再生ヘッド】を移動して、【cut002】を【ブレード】ツールでカット❷します。

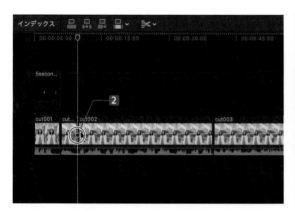

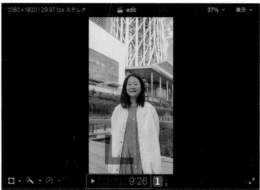

分割した左側❸を【選択】ツールで選択して、[delete]キーで削除します。

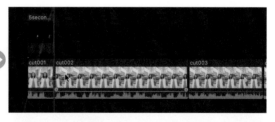

　さきほど配置した【5seconds】❹を選択して、【編集】
メニューから【コピー】❺（[command]＋[C]キー）を選択
します。

51

【5秒29フレーム】6 の位置に【再生ヘッド】を合わせて、【編集】メニューから【ペースト】7 （ command ＋ V キー）を選択します。

【5seconds】がペースト 8 されます。

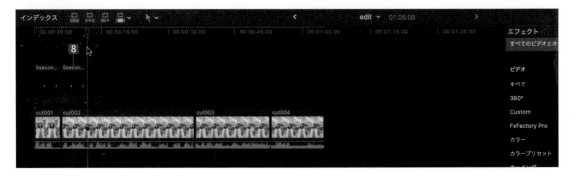

【11秒28フレーム】9 の位置で【cut002】を【ブレード】ツールでカットします 10。

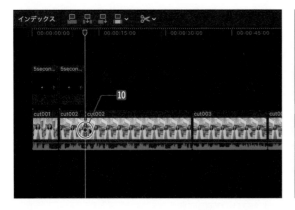

TIPS クリップのカット

再生ヘッドを合わせて command ＋ B キーを押すと、クリップをカット（分割）することができます。

【13秒6フレーム】⓫に移動して、カットします⓬。

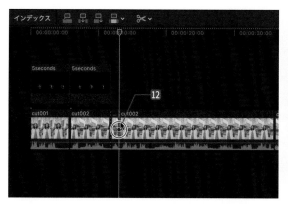 

カットされたクリップを選択して⓭、削除します。

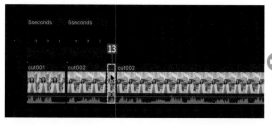 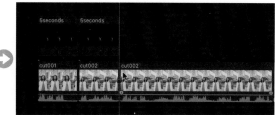

【11秒28フレーム】⓮の位置で同じように【5seconds】をコピー＆ペースト（ command + C ➡ command + V キー）すると、【5seconds】がペーストされます⓯。

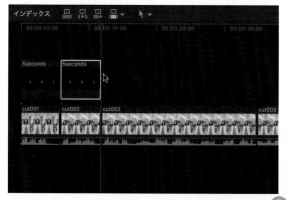 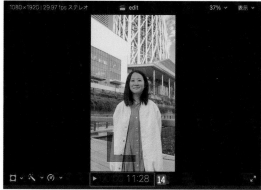

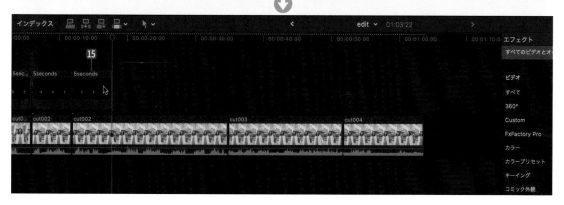

【17秒27フレーム】⑯の位置で【cut002】をカットします⑰。

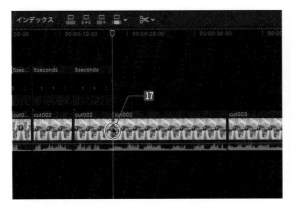

【19秒26フレーム】⑱の位置で【cut002】をカットします⑲。

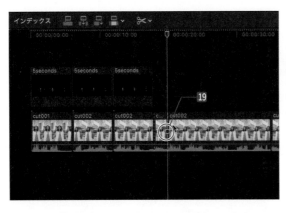

カットされたクリップを選択して⑳、削除します。

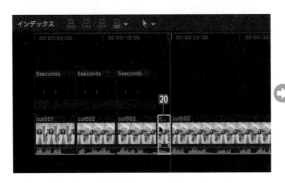

【17秒27フレーム】の位置で同じように【5seconds】をコピー＆ペーストすると、【5seconds】がペーストされます㉑。

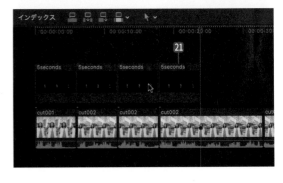

【23秒26フレーム】の位置で【cut002】をカットします**22**。

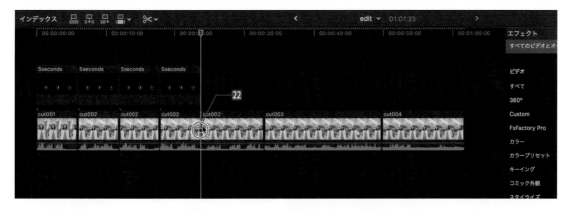

【26秒28フレーム】の位置で【cut002】をカットします**23**。

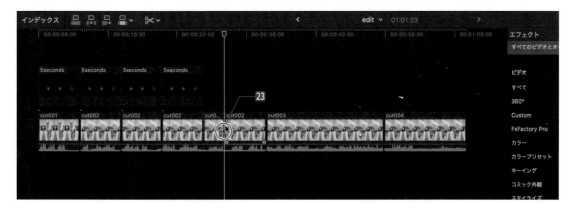

カットされたクリップを選択して**24**、削除します。

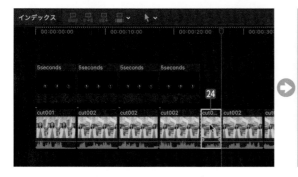
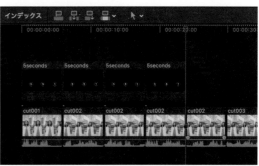

【23秒26フレーム】の位置で同じように【5seconds】をコピー＆ペーストすると、【5seconds】がペーストされます**25**。【cut002】の最後と同じ長さになります。

⁞⁞【cut003】をカット編集しよう！

【31秒7フレーム】**1**の位置で【cut003】をカットします**2**。

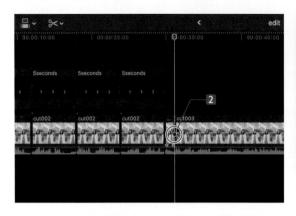

カットされた【cut003】の左側を選択して**3**、削除します。

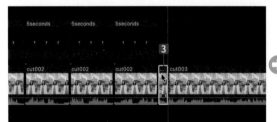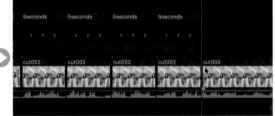

【29秒25フレーム】の位置で同じように【5seconds】をコピー＆ペーストすると、【5seconds】がペーストされます**4**。

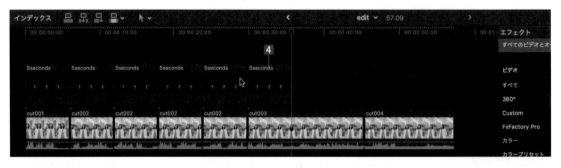

【35秒24フレーム】**5**の位置でカットします**6**。

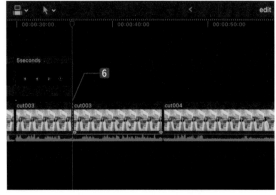

【38秒25フレーム】**7**の位置で【cut003】をカットします**8**。

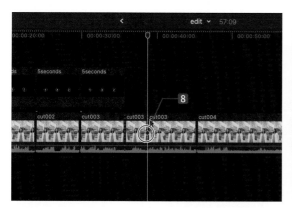

カットされたクリップを選択して**9**、削除します。

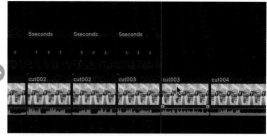

【35秒24フレーム】の位置で同じように【5seconds】をコピー＆ペーストすると、【5seconds】がペーストされます**10**。

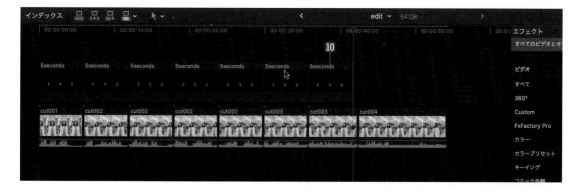

【cut003】の右端をドラッグして**11**、上に配置された【5seconds】に合わせます**12**。

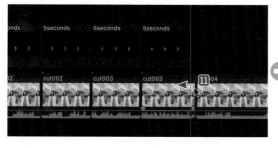

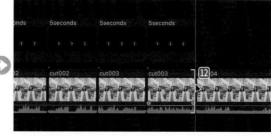

∷ 【cut004】をカット編集しよう！

【42秒24フレーム】■の位置で【cut004】をカット■します。

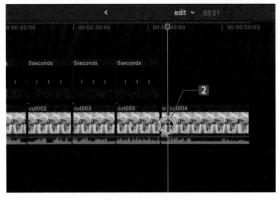

カットされた【cut004】の左側■を選択して、削除します。

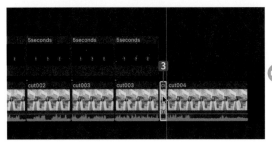
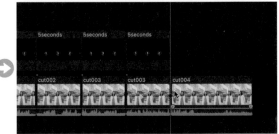

【41秒23フレーム】の位置で同じように【5seconds】をコピー＆ペーストすると、【5seconds】がペースト■されます。

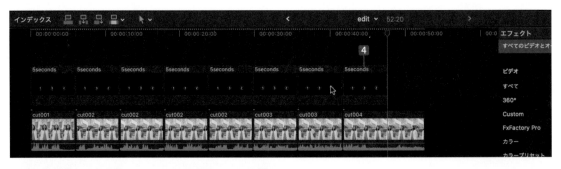

【47秒22フレーム】■の位置で【cut004】をカット■します。

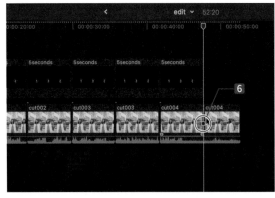
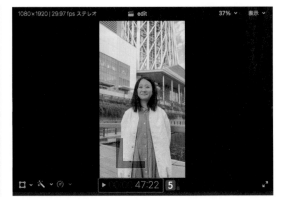

カットされた右側**7**のクリップをカットします。

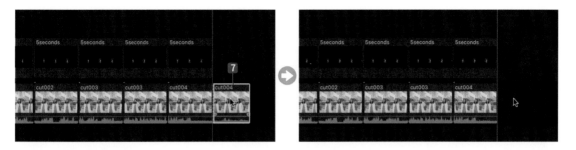

∷ 映像に飾りをつけてみよう！

【ブラウザ】から【waku】**1**を選択して、タイムラインの一番上に配置**2**します。

【waku】を縮めて、最初のクリップの切れ目に合わせます**3**。

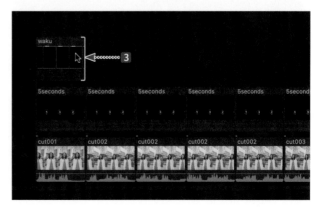

同じようにクリップの切れ目に合わせて、【waku】をコピー＆ペーストして配置**4**します。

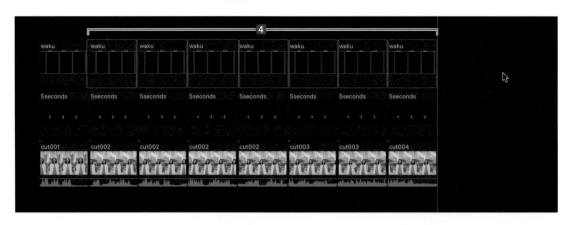

∷ タイトルを作ろう！

　【ブラウザ】から【Question】**1**を選択して、【タイムライン】パネルの一番先頭にドラッグして基本ストーリーラインに配置**2**します。

【Question】**3**を右クリックしてコンテクストメニューから【継続時間を変更】**4**（ control ＋ D キー）を選択し、【3秒15フレーム】**5**に設定します。

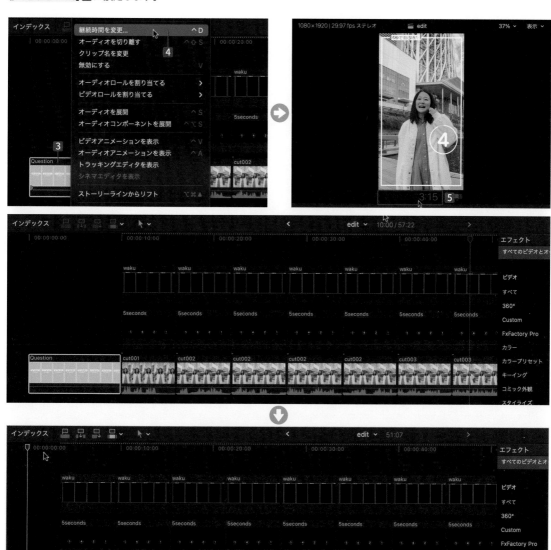

【"タイトルとジェネレータ"サイドバーを表示／非表示】**6** をクリックします。
【ビルドイン／アウト】の項目から【カスタム】**7** を選択して、タイムラインの一番上に配置**8** します。

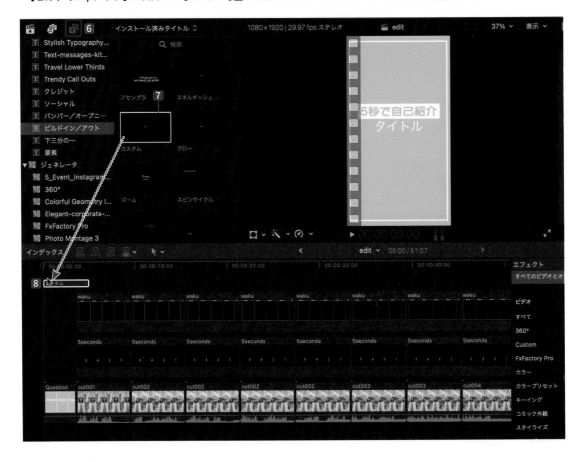

飛び越えた【カスタム】クリップ**9** の右端をドラッグして縮めます。
タイトルが「**QUESTION**」の文字にかかっているので調整します。

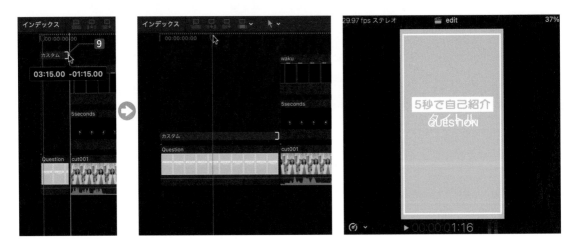

【カスタム】クリップ⑩を選択して、右上の【ビデオインスペクタ】⑪をクリックします。
【変形】の【位置】にある【Y】に【-265.2】⑫と入力すると、タイトルが下がります⑬。

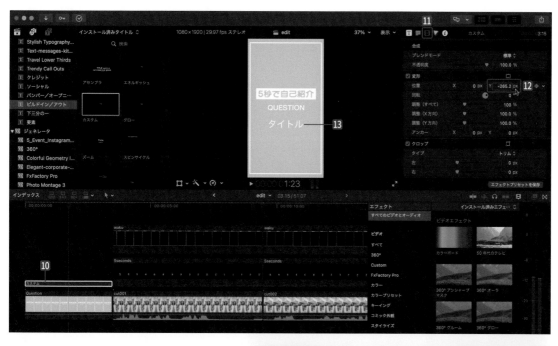

【ビューア】上のタイトル⑭をダブルクリック
します。

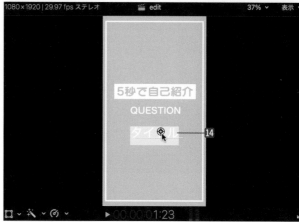

【名前を教えて下さい】⑮と入力します。

【テキストインスペクタ】16をクリックします。

　入力した【名前を教えて下さい】17をドラッグして選択します。【フォント】18をクリックして、【ヒラギノ丸ゴ ProN】19を選択します。

【サイズ】を【50】20に設定します。

【カスタム】クリップ21を選択して、右上の【ビデオインスペクタ】22をクリックします。

【変形】の【位置】にある【Y】を【-154.0】23と入力すると、タイトルが上がります。

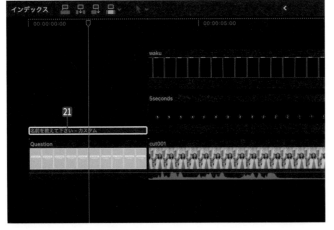
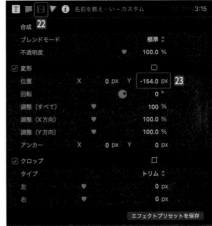

作成したテキストクリップの左端**24**をクリックして、 command ＋ T キーを押すと【**ディゾルブ**】**25**が適用されます。これは、テキストがフェードインする効果になります。デフォルトは1秒です。

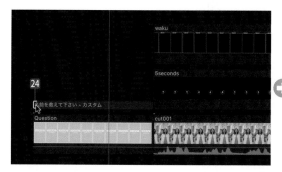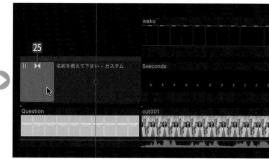

表示された【**ディゾルブ**】アイコンの右端をドラッグして、【**00:15**】**26**に縮めます。

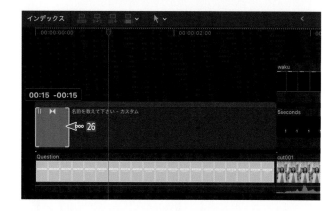

【**Question**】とテキストクリップ**27**をドラッグして選択し、 command ＋ C キーでコピーします。

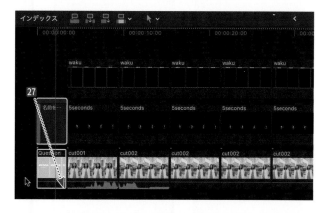

【**9秒14フレーム**】に移動します。

command ＋ V キーでペーストすると、2つのクリップがペースト**28**されます。

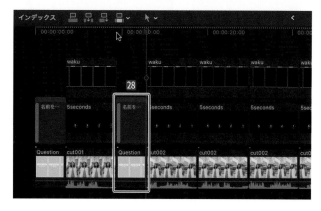

クリップの切れ目（【18秒28フレーム】**29**、【28秒12フレーム】**30**、【37秒26フレーム】**31**、【47秒10フレーム】**32**、【56秒24フレーム】**33**、【1分6秒8フレーム】**34**）にペーストを続けます。

クリップの最後に【再生ヘッド】**35**を合わせると、【1分15秒22フレーム】**36**になります。

37 2つ目のテキストクリップのタイトルをダブルクリックして、【最近嬉しかったことは？】と記入します。

38 3つ目のテキストクリップのタイトルをダブルクリックして、【兄弟はいますか？】と記入します。

39 4つ目のテキストクリップのタイトルをダブルクリックして、【出身は？】と記入します。

40 5つ目のテキストクリップのタイトルをダブルクリックして、【子供の頃はどんな子？】と記入します。

41 6つ目のテキストクリップのタイトルをダブルクリックして、【趣味は？】と記入します。

42 7つ目のテキストクリップのタイトルをダブルクリックして、【何部でしたか？】と記入します。

43 8つ目のテキストクリップのタイトルをダブルクリックして、【読者にメッセージを！】と記入します。

これで、テキストが完成しました。

クリップを入れ替えよう！

次にクリップを入れ替えてみます。

【9秒14フレーム】から【18秒28フレーム】までのクリップ**1**をドラッグして、すべて選択します。

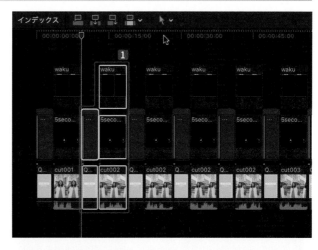

【編集】メニューから【カット】**2**（ command ＋ X キー）を選択します。

【再生ヘッド】**3**を【56秒24フレーム】**4**に合わせます。

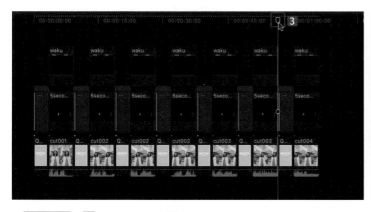

command ＋ V キーでペースト**5**します。

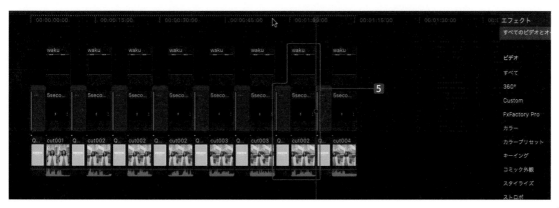

∷ 音声を調整しよう！

全体的に音声の背景に水が流れる音が目立つので少し声を際立たせていきます。
【cut001】の最初のクリップを選択して、【オーディオインスペクタ】**1** をクリックします。

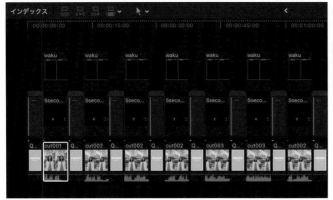

【声を分離】**2** をオンにして、【20】**3** に設定します。
　大きくすると声は分離しますが、機械音に近くなるのでバランスを見て調整してください。

少し音量を上げます。【ボリューム】を【3】**4** に設定します。

調整したクリップ**5** を選択してコピーします。

command キーを押しながら、他のクリップ**6**を選択します。

【編集】メニューの【パラメータをペースト】**7**
（ shift ＋ command ＋ V キー）を選択します。

【パラメータをペースト】ダイアログボックス
で【ボリューム】**8**と【声を分離】**9**にだけチェッ
クして、【ペースト】ボタン**10**をクリックします。

他のクリップにも、同じパラメータが適用されます。

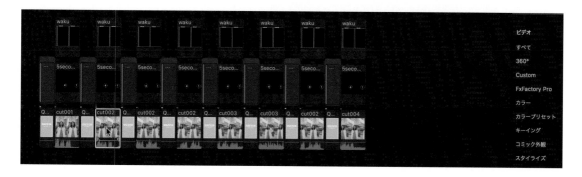

∷ 音楽を入れよう！

本書では音楽素材はありませんが、お手持ちのフリー音源などあればぜひ活用してください。
音楽クリップを一番下 **1** に配置します。

映像に合わせてクリップを調整します **2**。

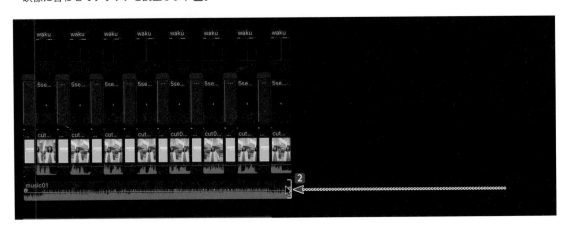

右端のハンドル **3** を左にドラッグすると、フェードアウトが適用されます。

【オーディオインスペクタ】から【ボリューム】**4**を調整します。

再生して【オーディオメーター】を確認し、全体がおおよそ【-6db】付近で調整すると聞き取りやすくなります。

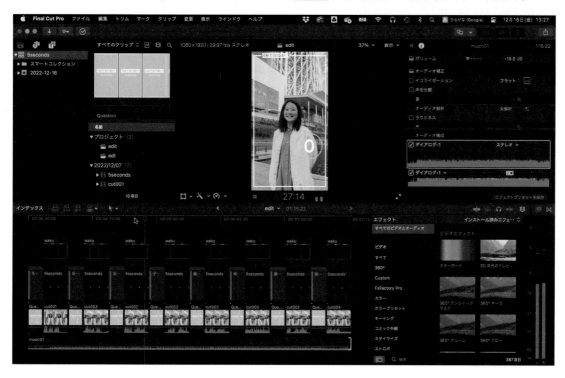

これで完成です。続いて、書き出し設定について解説します。

Section 2
3

映像を書き出そう！

ここでは Web 用に動画書き出しの他に、高画質の動画書き出しや DVD、Blu-ray に書き出す方法を紹介します。

:: レンダリングを実行しよう！

映像を書き出す際、タイムラインの上部に【…】**1** の表示がある場合は、レンダリングを行います。

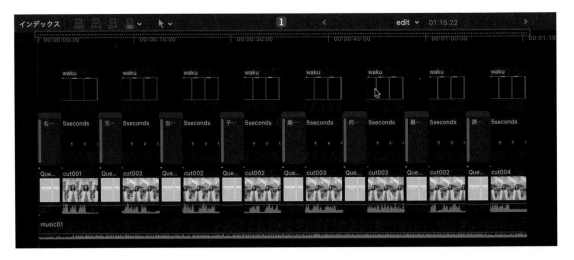

【変更】メニューから【すべてレンダリング】**2**（ command ＋ shift ＋ R キー）を選択します。
【バックグラウンドタスク】**3** ウインドウの【レンダリング】**4** 項目で進捗状況が確認できます。

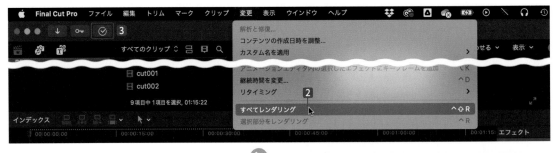

レンダリングが終了すると、タイムラインの上部に
表示されていた（…）がなくなります。

:: 書き出す範囲を設定しよう！

再生ヘッドを【0秒】**1** に移動して I (アルファベット「アイ」) キーを押すと、**イン点 2** が作成されます。

再生ヘッドを【00:01:15:22】まで移動して O (アルファベット「オー」) キーを押すと、**アウト点 3** が作成されます。

これで、**イン点**から**アウト点**に範囲が設定されました。

⸬ シーケンス設定に合わせた高画質映像の書き出し（.mov）

【ファイル】メニューの【共有】から【ファイルを書き出す（デフォルト）】**1**（ command ＋ E キー）を選択します。
【ファイルを書き出す】ダイアログボックスが表示されるので、【設定】タブ**2**を選択します。

【フォーマット】を【ビデオとオーディオ】**3**に設定します。

　今回はプロジェクトを作る際に【ビデオコーデック】で【Apple ProRes 422 HQ】を選択しているので、ここでも【ビデオコーデック】を【Apple ProRes 422 HQ】**4**に設定します。

　右下に書き出した後の予測容量が表示されます。ここでは、【2.15GB】**5**となっています。

　【次へ】**6**ボタンを選択します。

保存先を選択します。動画ファイルはかなり大きなサイズになるので、空き容量の多い外付けハードディスクなどを選択します。

最後に【保存】ボタン **7** をクリックすると、書き出しが始まります。

【バックグラウンドタスク】ウインドウで進捗状況 **8** が確認できます。

書き出しが終了すると、【QuickTime Player】**9** で映像が開きます。確認すると、映像が書き出されています。保存先に指定した該当箇所 **10** に、mov ファイルが作成されています。

9

⠿ 劣化のない高画質映像の書き出し設定(.mov)

　【ファイル】メニューの【共有】から【ファイルを書き出す(デフォルト)】(command + E キー)を選択します。

　【ファイルを書き出す】ダイアログボックスが表示されるので、【設定】タブ**1**を選択して【フォーマット】を【ビデオとオーディオ】**2**に設定します。

　【ビデオコーデック】を【非圧縮8ビット 4:2:2】**3**に設定します。

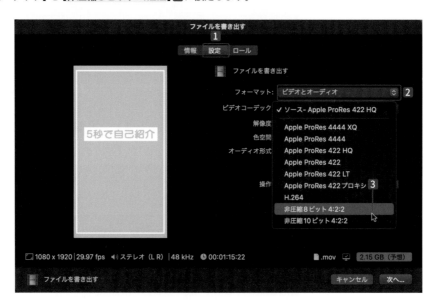

　ダイアログボックスの右下には、書き出し後の予測容量が表示されます。ここでは、【9.49GB】**4**になっています。

　【次へ】ボタン**5**をクリックして、保存先を選択します。

　最後に【保存】ボタンをクリックすると、書き出しが開始されます。

TIPS 非圧縮による書き出し

非圧縮による書き出しは、画質は向上しますがデータサイズが大きくなります。最終的な映像編集を終えた完成データの保存用として活用するとよいでしょう。

∷ 一般的なWeb用映像の書き出し設定（.mp4）

【ファイル】メニューの【共有】から【ファイルを書き出す（デフォルト）】（ command ＋ E キー）を選択します。

【ファイルを書き出す】ダイアログボックスで【設定】タブ**1**を選択し、【フォーマット】で【コンピュータ】**2**、【ビデオコーデック】で【H.264（品質優先）】**3**を選択します。

ダイアログボックスの右下には、書き出した後の予測容量が表示されます。ここでは、【191.9MB】**4**となっています。

【次へ】ボタン**5**をクリックして、保存先を選択します。

最後に【保存】ボタンをクリックすると、書き出しが開始されます。

∷ DVDの書き出し設定

【ファイル】メニューの【共有】から【DVD】**1**を選択します。

【DVD】ダイアログボックスで【設定】タブ**2**を選択し、【出力デバイス】を選択します**3**。最近のMacにはDVDドライブが内蔵されていないので、外付けのDVDドライブを接続してからDVDドライブの機種名を選択します。

ダイアログボックスの右下には、書き出した後の予測容量が表示されます。ここでは、【74.3MB】**4**となっています。

【共有】ボタン**5**をクリックすると、書き出しが開始されます。

書き出しが終わると、ドライブに挿入したDVD-ROMの焼き込みが始まります。

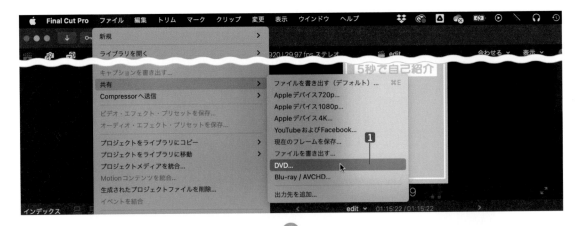

TIPS　書き出し設定を追加する

書き出し設定を追加するには、【ファイル】メニューの【共有】から【出力先を追加】**1**を選択します。

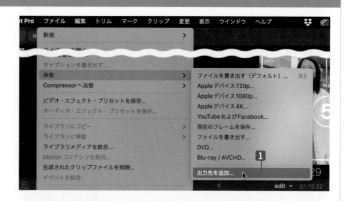

【出力先】ウインドウの右側にある書き出し項目をドラッグして挿入すると、【共有】の項目が追加されます。
ここでは、【イメージシーケンス】を追加**2**しています。

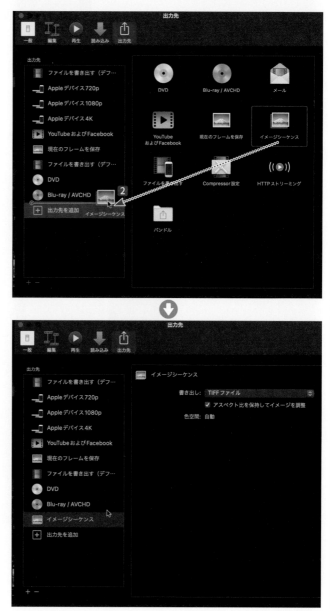

:: Blu-rayの書き出し設定

【ファイル】メニューの【共有】から【Blu-ray/
AVC HD】**1**を選択します。

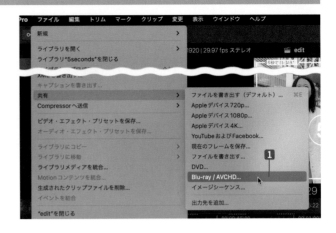

【Blu-ray】ダイアログボックスで【設定】タブ**2**を選択して、【出力デバイス】**3**を選択します。

外付けのBlu-rayドライブを接続し、Blu-rayドライブの機種名を選択します。ここでは（AVC HD）と付いていないものを選びます。

【Blu-ray】ダイアログボックスの右下には、書き出した後の予測容量（ここでは【286.1MB】**4**）が表示されます。

【共有】ボタン**5**をクリックすると、書き出しが始まります。

書き出しが終わると、ドライブに入れたBlu-rayの焼き込みが始まります。

:: 静止画像の書き出し設定

静止画像を書き出したい位置❶に再生ヘッドを移動します。

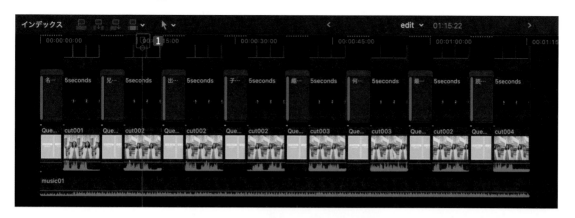

【ファイル】メニューの【共有】から【現在のフレームを保存】❷を選択します。

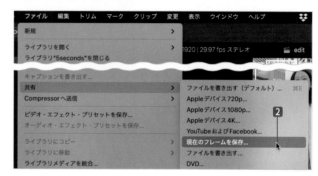

【現在のフレームを保存】ダイアログボックスで【設定】タブ❸を選択して、【書き出し】から【JPEGイメージ】❹を選択します。

【次へ】ボタン❺をクリックして、保存先を選択します。最後に【保存】ボタンをクリックすると、書き出しが始まります。

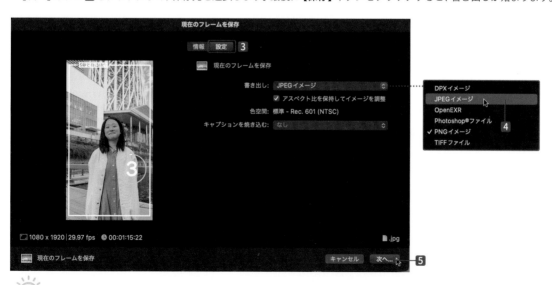

TIPS　静止画像

静止画像を書き出す際、圧縮された一般的な静止画像を作成するときは【JPEGイメージ】を選択します。
高画質な静止画像を書き出す場合は【TIFFファイル】、透過した静止画像データを作りたい場合は【PNGイメージ】を選択します。

:: 音声ファイルの書き出し設定

【ファイル】メニューの【共有】から【ファイルを書き出す】■1を選択します。

【ファイルを書き出す】ダイアログボックスで【設定】タブ■2を選択し、【フォーマット】から【オーディオのみ】■3を選択します。

【オーディオ形式】を【AIFF】■4に設定します。

【ファイルを書き出す】ダイアログボックスの右下には書き出した後の予測容量（ここでは【21.8MB】■5）が表示されます。

【次へ】ボタン■6をクリックして、保存先を選択します。最後に【保存】ボタンをクリックすると、書き出しが始まります。

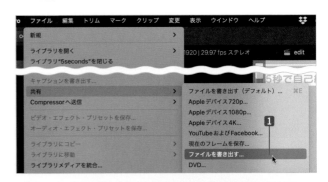

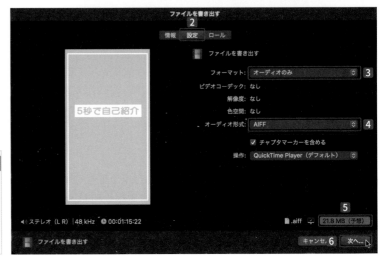

> **TIPS　音声データの種類**
>
> AIFF は macOS で標準的なオーディオファイル、WAV は Windows で標準的なオーディオファイルです。また、MP3 は高い圧縮率で軽いファイルになりますが、音質が劣化します。

なお、【Compressor】による書き出しは、373ページで紹介します。

> **TIPS　正方形動画のプロジェクト設定**
>
> プロジェクトを作成するダイアログボックスで【ビデオ】の【フォーマット】を【スクエア】、【解像度】を【1080×1080】に設定すると、正方形のプロジェクトが作成できます。
>
>

Chapter

3

中級編
エフェクティブなシーンの演出

ここでは、作品のクオリティを上げていくためのエフェクトを使った映像加工の方法を紹介します。さまざまな映像表現をマスターしていきましょう！

1　Vlogで使えるトランジション演出

ここでは、撮影手法でスムーズなトランジションを行う方法を4つ紹介します。難しくはないので、ぜひ試してみてください。

撮影内容

ジャンプアクションの動画は、【cut001】と【cut002】ともに女性を同じサイズで撮影します。
また、同じアクションでジャンプしてもらいます。

　ハンドアクションの動画は、【cut003】は終わりにレンズを左から右に遮るアクション、【cut004】は最初に左から右に遮るアクションをして、レンズが完全に覆われる箇所で編集点をつなぎます。

カメラの向きを左右に振る**パンアクション**の動画は、【cut005】は台詞の後に急激にカメラを右にパンします。
【cut006】は最初に左から右へ遮る急激にパンをします。

ここでは、動きにブレ感が欲しいので手持ちで行います。

スピンアクションの動画はセルフィー撮影で、【cut007】は台詞の後に右に体を回転します。

【cut008】は最初に左から右に体を回転し、台詞を話します。

これで編集を行います。

1 ジャンプトランジションを作ろう！

新規ライブラリの作成

【ファイル】メニューの【新規】から【ライブラ
リ】**1**を選択します。

保存する先を選択します。ここでは、HDDに
ある【transition】**2**を選択します。

【名前】を【transition】**3**とし、【保存】ボタ
ン**4**をクリックします。

イベントの名前を変更する

ここでは同じライブラリ内で複数のイベントを
作成し、演出レシピごとに素材とプロジェクトを
分けていきます。

まず、自動で作成されたイベントの名前を
【jump】**1**とします。

メディアの読み込み

【ファイル】メニューの【読み込む】から【メ
ディア】**1**（ command ＋ I キー）を選択しま
す。

【メディアの読み込み】ダイアログボックスで【transition】フォルダにある【source】から【cut001.mp4】と
【cut002.mp4】を shift キーを押しながら選択2して、【選択した項目を読み込む】ボタン3をクリックします。

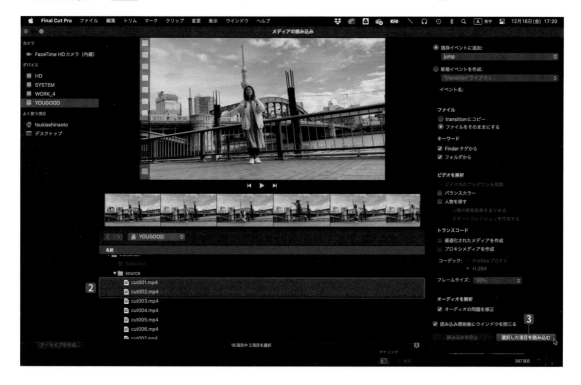

新規プロジェクトの作成

【ファイル】メニューの【新規】から【プロジェクト】1（ command + N キー）を選択します。

【プロジェクト名】を【edit】2に設定します。
【ビデオ】は【1080p HD】3、【レンダリング】は【Apple ProRes 422 HQ】4を選択します。
その他は図のように設定して、【OK】ボタン5をクリックします。

クリップを並べる

【ブラウザ】でクリップ【cut001】と【cut002】を shift キーを押しながら選択**1**し、ドラッグしてタイムラインに配置**2**します。

💡 **TIPS** タイムラインを全表示する

【タイムライン】パネルをクリックして shift + Z キーを押すと、タイムラインの画面に合わせて全表示されます。

カット編集する

【再生ヘッド】を【1秒】**1**に移動して、カット**2**します。

カットされた【cut001】の左側**3**を選択して
削除すると、クリップ全体が左につまります。

【再生ヘッド】を【1秒4フレーム】**4**に移動して、カットします。

【cut002】をドラッグして、【cut001】の上に【0秒】に頭合わせで配置**5**します。

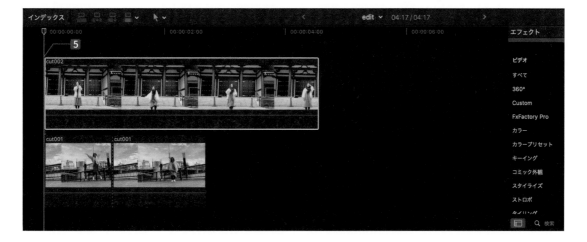

【cut002】を選択して【ビデオインスペクタ】**6**をクリックし、【不透明度】を【50】**7**に設定すると、【cut002】が半透明になります。

【cut001】のジャンプしている体の形と同じような場所に【cut002】を合わせていきます。

【1秒16フレーム】**8**に移動します。【cut001】と同じように、大きく手を開いて飛んでいるカットになっています。

【cut002】クリップの左**9**をクリックして選択し、ドラッグして【1秒16フレーム】まで縮めます**10**。

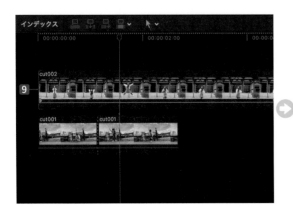

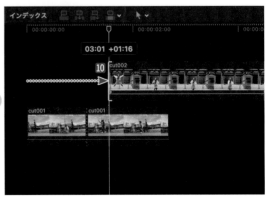

【cut002】クリップ⑪をドラッグして、【1秒4フレーム】に頭合わせにします。1フレームずつ調整します。

【cut002】⑫を選択します。`,`（カンマ）キーを押すと1フレーム前に移動するので、2フレーム分前に戻します。

【1秒4フレーム】の切れ目の飛び越えた2フレームを縮めます⑬。

【cut002】⑭を選択して【ビデオインスペクタ】⑮を選択し、【不透明度】を【100】⑯に戻します。

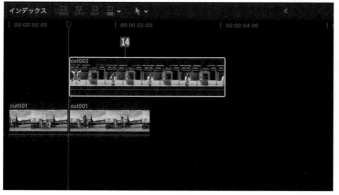

再度、【cut002】を基本ストーリーラインにドラッグして配置⏰します。

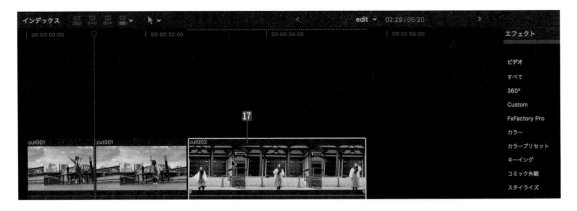

真ん中の【cut001】のクリップ⏰を選択して、削除します。

【3秒】に進みます。クリップを縮めます⏰。

再生すると、ジャンプして場所が変わるトランジションになります。

完成動画
3-1-A

Preview

これで完成です。

2　ハンドトランジションを作ろう！

イベントを作成する

【ファイル】メニューから【新規】の【イベント】
1（ option ＋ N キー）を選択します。

【イベント名】を【hand】**2**に変更して、【OK】
ボタン**3**をクリックします。

メディアの読み込み

【ファイル】メニューの【読み込む】から【メディア】**1**（ command ＋ I キー）を選択します。

【メディアの読み込み】ダイアログボックスで【hand】**2**のイベントを選択して、【transition】フォルダにある【source】から【cut003.mp4】と【cut004.mp4】を shift キーを押しながら選択**3**して、【選択した項目を読み込む】ボタン**4**をクリックします。

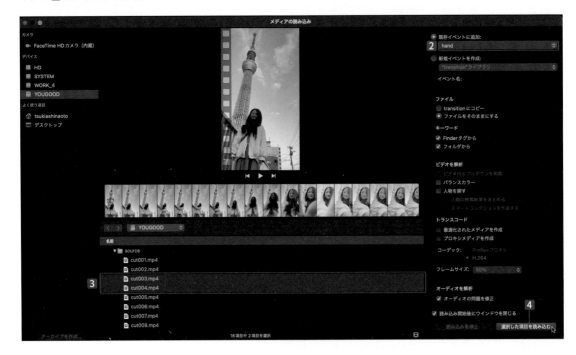

新規プロジェクトの作成

【ファイル】メニューの【新規】から【プロジェクト】**1**（ command ＋ N キー）を選択します。

【プロジェクト名】を【edit】**2**に設定します。ここでは、縦型のプロジェクトを作成します。その他は図のように設定して、【OK】ボタン**3**をクリックします。

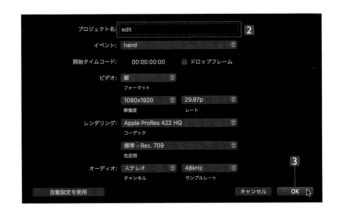

クリップを並べる

【ブラウザ】でクリップ【cut003】と【cut004】を shift キーを押しながら選択**1**し、ドラッグしてタイムラインに配置**2**します。

カット編集する

【再生ヘッド】を【1秒10フレーム】**1**に移動してカットし、左側のクリップ**2**を削除します。

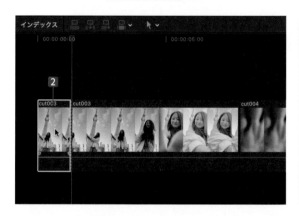

【再生ヘッド】を【4秒1フレーム】**3**に移動してカットし、右側のクリップ**4**を削除します。

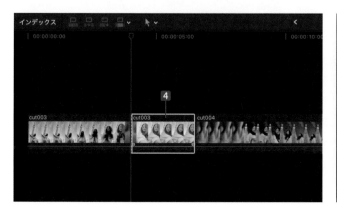

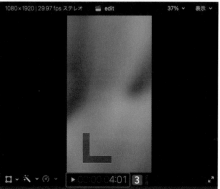

【再生ヘッド】を【5秒24フレーム】**5**に移動してカットし、左側のクリップ**6**を削除します。

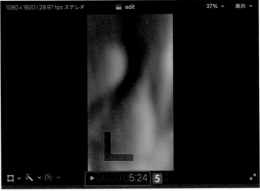

【再生ヘッド】を【10秒20フレーム】までクリップを縮めます**7**。

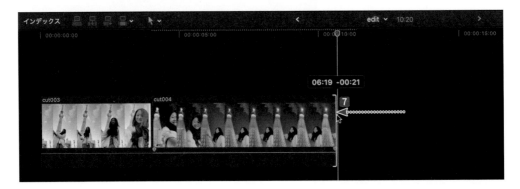

これで、手がスライドすると昼から夜に転換するトランジションになります。

完成動画
3-1-B

3　パントランジションを作ろう！

イベントを作成する

【ファイル】メニューから【新規】の【イベント】
1（ option + N キー）を選択します。

【イベント名】を【pan】**2**に変更して、【OK】
ボタン**3**をクリックします。

メディアの読み込み

【ファイル】メニューの【読み込む】から【メ
ディア】**1**（ command + I キー）を選択します。

　【メディアの読み込み】ダイアログボックスで【pan】**2**のイベントを選択して、【transition】フォルダの【source】
から【cut005.mp4】と【cut006.mp4】**3**を shift キーを押しながら選択して、【選択した項目を読み込む】ボタン**4**を
クリックします。

新規プロジェクトの作成

【ファイル】メニューの【新規】から【プロジェクト】1（ command ＋ N キー）を選択します。

【プロジェクト名】を【edit】2 に設定します。
ここでは、横型のプロジェクトを作成します。
その他は図のように設定して、【OK】ボタン3 をクリックします。

クリップを並べる

【ブラウザ】でクリップ【cut005】と【cut006】1 を shift キーを押しながら選択し、ドラッグしてタイムラインに配置 2 します。

カット編集する

【再生ヘッド】を【1秒17フレーム】■に移動してカットし、左側のクリップ■を削除します。

【再生ヘッド】を【3秒21フレーム】■に移動してカットし、右側のクリップ■を削除します。

【再生ヘッド】を【2秒28フレーム】■に移動してカットします。ここでは、クリップを削除しません。

【再生ヘッド】を【4秒10フレーム】6に移動してカットします。ここでも、クリップを削除しません。

【2秒28フレーム】の【cut005】の右側のクリップ7を選択します。【ビューア】の【クリップのリタイミングオプショ
ンを選択する】8をクリックします。

　【速く】の【2×】9を選択すると、2倍速になります。

【3秒9フレーム】の【cut006】の左側のクリップ10を選択して、同じように2倍速11 12に設定します。

再生すると、パンの流れでスムーズに場面展開するトランジションになります。

完成動画
3-1-C

4 スピントランジションを作ろう！

イベントを作成する

【ファイル】メニューの【新規】から【イベント】
1（option + N キー）を選択します。

【イベント名】を【spin】**2**に変更して、【OK】
ボタン**3**をクリックします。

メディアの読み込み

【ファイル】メニューの【読み込む】から【メ
ディア】**1**（command + I キー）を選択します。

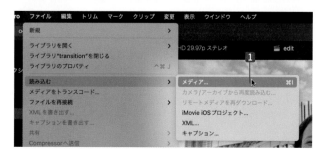

【メディアの読み込み】ダイアログボックスで【spin】**2**のイベントを選択して、【transition】フォルダの【source】から【cut007.mp4】と【cut008.mp4】**3**を shift キーを押しながら選択して、【選択した項目を読み込む】ボタン**4**をクリックします。

新規プロジェクトの作成

【ファイル】メニューの【新規】から【プロジェクト】**1**（ command + N キー）を選択します。

【プロジェクト名】を【edit】**2**に設定します。
ここでは横型のプロジェクトを作成します。
その他は図のように設定して、【OK】ボタン**3**をクリックします。

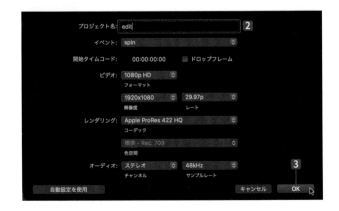

クリップを並べる

【ブラウザ】でクリップ【cut007】と【cut008】を shift キーを押しながら選択**1**し、ドラッグしてタイムラインに配置**2**します。

カット編集する

【再生ヘッド】を【2秒11フレーム】**1**に移動してカットし、左側のクリップ**2**を削除します。

【再生ヘッド】を【5秒13フレーム】**3**に移動してカットし、右側のクリップ**4**を削除します。

【再生ヘッド】を【4秒18フレーム】**5**に移動してカット**6**します。ここでは、クリップを削除しません。

【再生ヘッド】を【7秒12フレーム】**7**に移動してカット**8**します。左側のクリップを削除します。

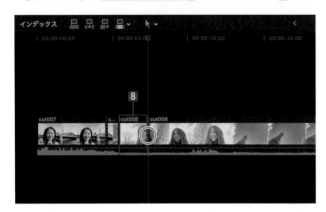 

再度【再生ヘッド】を【7秒12フレーム】**9**に移動してカット**10**します。ここではクリップを削除しません。

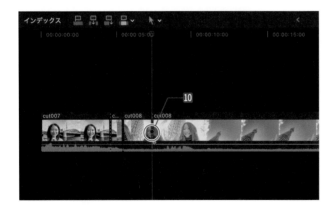 

ゆるやかなスピンなので、速度を上げてみましょう。

【4秒18フレーム】の【cut007】の右側のクリップ⑪を選択します。 command ＋ R キーを押すと、【リタイミング
エディター】が表示されます。 ∨ ⑫をクリックして【カスタム】⑬を選択します。

【レート】を【200】⑭に設定すると、2倍速になります。

【5秒】の【cut008】の左側のクリップ⑮を選択します。
再度、【リタイミングエディター】で ∨ をクリックして【カスタム】⑯を選択します。

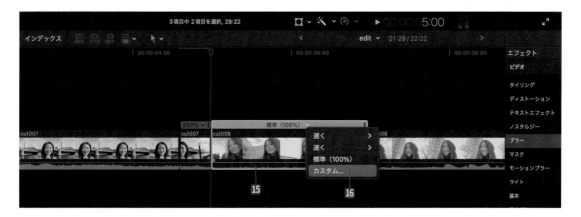

【レート】を【300】**17**に設定すると、3倍速になります。

まだまだゆるやかなスピンなので、ブレの表現を作成します。
【エフェクト】パネルの【ブラー】から【方向】**18**を選択し、【cut007】の右側にドラッグ＆ドロップ**19**します。
これでエフェクトが適用され、右の方向にブレ表現ができています。

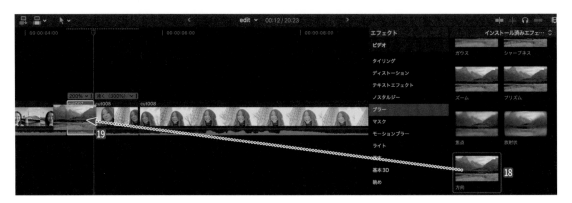

【4秒18フレーム】**20**に合わせて【ビデオインスペクタ】**21**の【方向】にある【Amount】を【0】**22**に設定し、【キーフレーム】**23**を作成します。ブレ表現がなくなります。

【4秒29フレーム】24に移動します。【Amount】を【300】25に設定します。ブレが強くなります。【キーフレーム】26
が自動的に作成されます。

これは【4秒18フレーム】から【4秒29フレーム】にかけて、ブレが強くなるエフェクトのアニメーションを付けてい
ます。

同様に、【cut008】の左側に【方向】エフェクト27をドラッグ＆ドロップ28します。

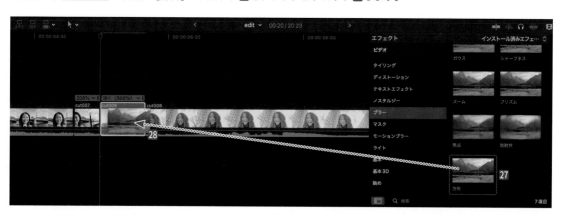

【5秒】29に合わせて【ビデオインスペクタ】の【方向】のエフェクトの【Amount】を【400】30に設定し、【キーフレー
ム】31を作成します。ブレ表現がある状態になります。

【5秒20フレーム】32に移動します。【Amount】を【0】33に変更すると、ブレがなくなります。【キーフレーム】34が自動的に作成されます。

これは【5秒】から【5秒20フレーム】にかけて、ブレがなくなるエフェクトのアニメーションを付けています。

再生すると、ブレ表現が付きながらスピンして場面展開する演出になりました。

完成動画
3-1-D

シネマティックモードを調整しよう！

Section 3
2

ここでは、iPhoneの「シネマティックモード」で撮影したクリップをFinal Cut Pro Xで調整していきます。

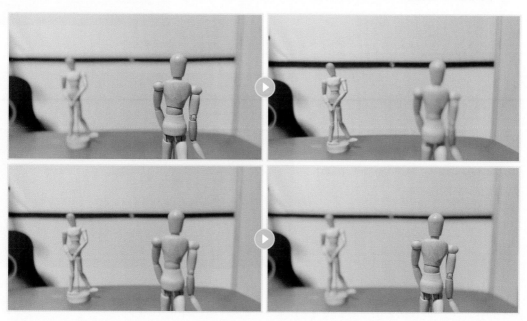

シネマティックモードで撮影したクリップをMacに送信する

iPhoneの【写真アプリ】からシネマティックモードで撮影したクリップを選択して、左下の⬆️ **1** をタップします。
次に【オプション】**2** をタップして、【すべての写真データ】**3** をオンにします。Mac **4** にAir Dropで送ります。

Macに送信されたら、ファイルを確認します。
ここでは【IMG_7575.MOV】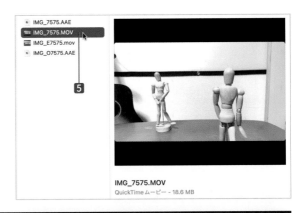を使用します。

新規ライブラリの作成

【ファイル】メニューの【新規】から【ライブラリ】を選択します。

保存する先を選択します。ここでは、HDDにある【cinematic】■を選択します。

【名前】を【cinematic】■と入力して、【保存】ボタン■をクリックします。

メディアの読み込み

【ファイル】メニューの【読み込む】から【メディア】（[command]＋[I]キー）を選択します。

【メディアの読み込み】ダイアログボックスで【cinematic】フォルダの【source】から【IMG_7575.MOV】ファイルを選択■して、【選択した項目を読み込む】ボタン■をクリックします。

新規プロジェクトの作成

【ファイル】メニューの【新規】から【プロジェクト】**1**（ command ＋ N キー）を選択します。

【プロジェクト名】を【edit】**2** に設定します。
ここでは横型のプロジェクトを作成します。
その他は図のように設定して、【OK】ボタン **3**
をクリックします。

クリップを並べる

【ブラウザ】でクリップ【IMG_7575】**1** をドラッグして、タイムラインに配置 **2** します。

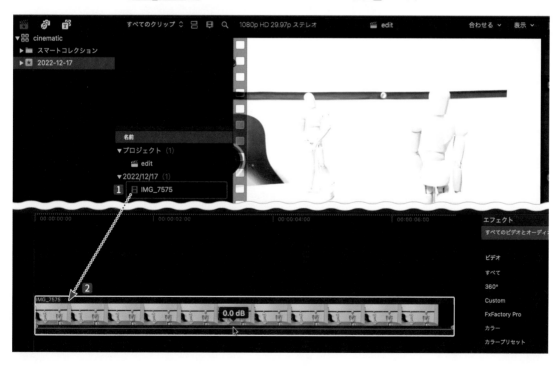

環境ノイズがあるので、クリップの音声ゲージを下にドラッグ **3** してオフにします。

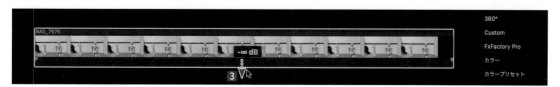

シネマティックの項目を調整する

　HDRで撮影しているので白飛びしています。これを修正します。【エフェクト】の【すべてのビデオとオーディオ】**1**
を選択し、検索バーに【HDR】**2**と入力します。

　【HDRツール】**3**が表示されますので、クリップにドラッグ＆ドロップ**4**します。

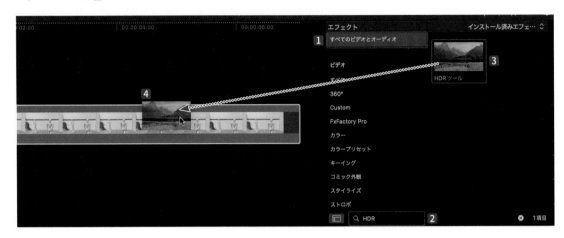

　【ビデオインスペクタ】から【HDRツール】にある【モード】を【HLGからRec.709SDR】**5**に設定すると、撮った映
像に近くなります。

　【ビデオインスペクタ】を下げると【シネマティック】**6**の項目があるので、オンにします。

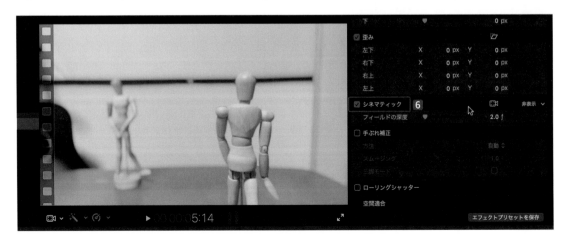

右のアイコン**7**もクリックしてオンにします。

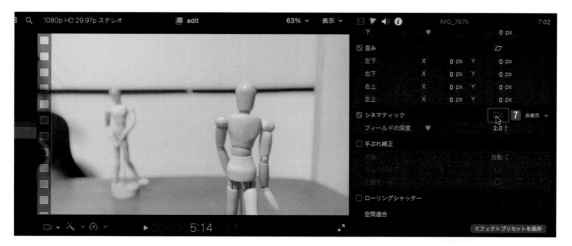

クリップ**8**を選択して、右クリックしてコンテクストメニューから【シネマエディタを表示】**9**を選択します。

クリップに【シネマエディタ】が表示されます。

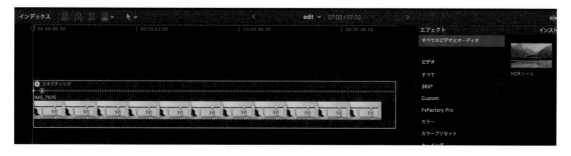

5フレームにあるポイント**10**は、撮影時に手前の人形をタップしてフォーカスを合わせているポイントです。

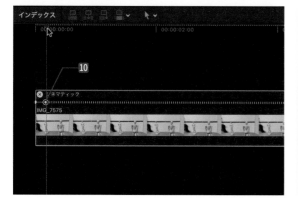

【ビデオインスペクタ】の【フィールドの深度】⑪のゲージを上げると、後ろもフォーカスが合ってきます。

ここでは、一番浅い【2.0f】⑫とします。

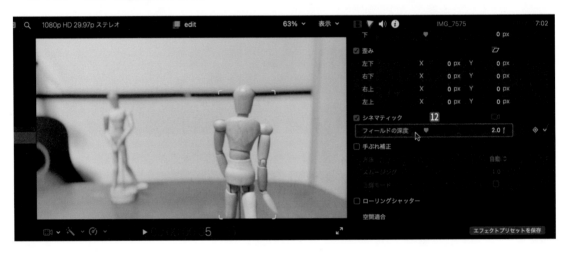

【シネマエディタ】のポイントをクリックすると、【焦点ポイントを削除】⑬という項目が作成されます。
クリックすると、【焦点ポイント】が削除されます。

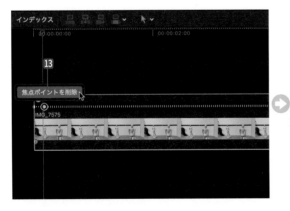
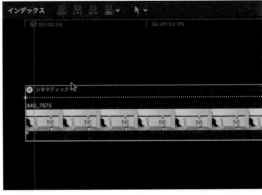

【0秒】14に移動して手前の人形の顔付近15をクリックすると、手前に焦点が合います。
【シネマエディタ】に【焦点ポイント】16が作成されます。

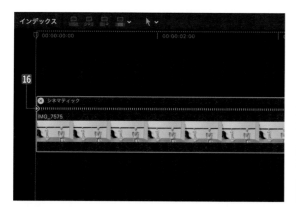

【2秒20フレーム】17に移動して、奥の人形の顔付近18をタップすると、奥に焦点が合います。
こちらも、【シネマエディタ】に【焦点ポイント】19が作成されます。

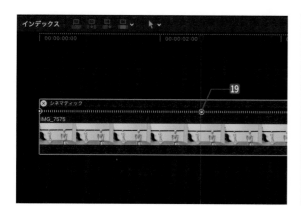
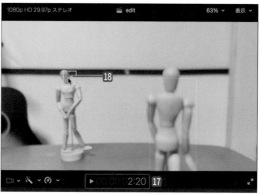

【5秒16フレーム】20に移動して、手前の人形の顔付近21をタップすると、手前に焦点が合います。
同様に、【シネマエディタ】に【焦点ポイント】22が作成されます。

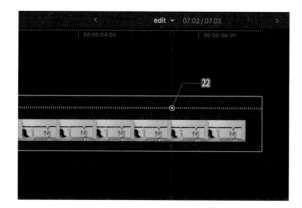

　再生すると、最初は手前の人形に焦点が合い、【2秒20フレーム】で奥にピントが行き、【5秒16フレーム】で再び手前にピントが来ます。このように、シネマティックモードで撮影した素材を直感的に焦点を変更していくことができます。

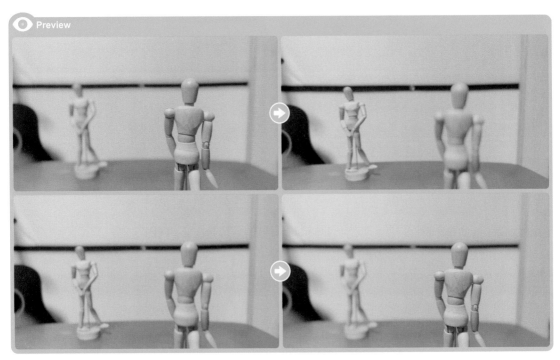

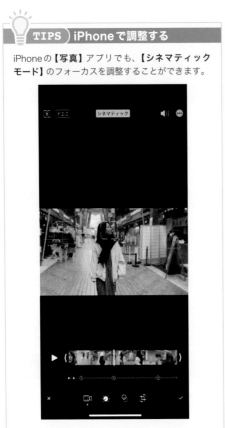

TIPS iPhoneで調整する

iPhoneの【写真】アプリでも、【シネマティックモード】のフォーカスを調整することができます。

Section 3
3 グリッチトランジションの作り方

完成動画 3-3

ここでは、映像を汚すような感じで場面転換する「グリッチ」トランジションの作り方を紹介します。

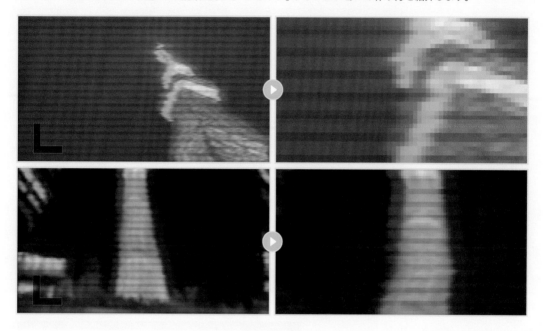

:: 編集の準備をする

新規ライブラリの作成

【ファイル】メニューの【新規】から【ライブラリ】■を選択します。

保存する先を選択します。ここでは、HDDにある【glitch】■を選択します。

【名前】を【glitch】■とし、【保存】ボタン■をクリックします。

メディアの読み込み

【ファイル】メニューの【読み込む】から【メディア】（ command ＋ I キー）を選択します。

【メディアの読み込み】ダイアログボックスで【glitch】フォルダにある【source】から【cut001.mp4】と【cut002.mp4】を shift キーを押しながら選択**1**して、【選択した項目を読み込む】ボタン**2**をクリックします。

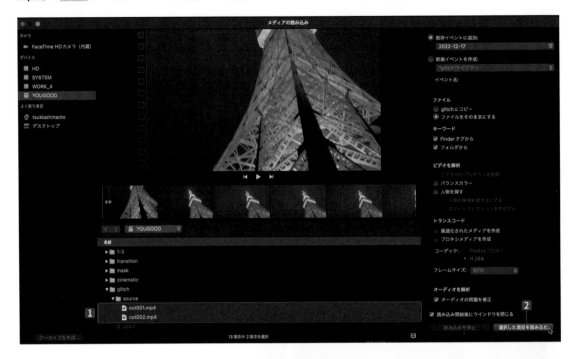

新規プロジェクトの作成

【ファイル】メニューの【新規】から【プロジェクト】（ command ＋ N キー）を選択します。

【プロジェクト名】を【edit】**1**に設定します。

ここでは、横型のプロジェクトを作成します。

その他は図のように設定して、【OK】ボタン**2**をクリックします。

クリップを並べる

【ブラウザ】でクリップ【cut001】と【cut002】**1**をドラッグして、タイムラインに配置**2**します。

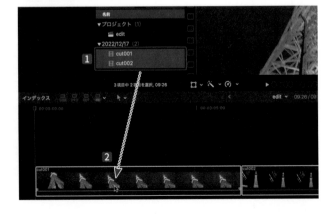

カット編集する

【再生ヘッド】を【4秒29フレーム】**1**に移動して、【cut001】**2**をカットします。

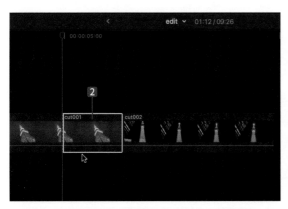
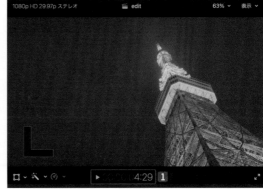

【cut001】の右のクリップを【5秒4フレーム】に縮めます**3**。

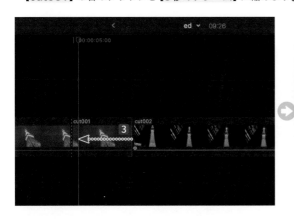
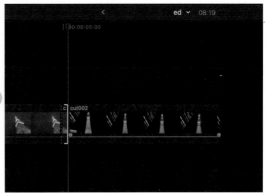

【5秒10フレーム】**4**に移動して、【cut002】**5**をカットします。

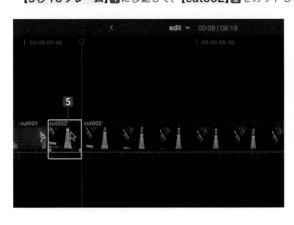

【エフェクト】から【すべてのビデオとオーディオ】**6**を選択して、検索バーに【画質】**7**と入力します。
【画質の悪いテレビ】エフェクト**8**を【cut001】の右側**9**に適用します。

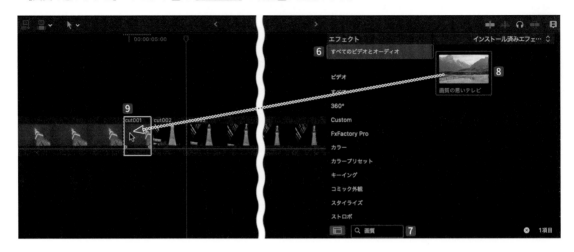

【ビデオインスペクタ】**10**から【画質の悪いテレビ】にある【Amount】を【80】**11**に設定すると、汚れができます。

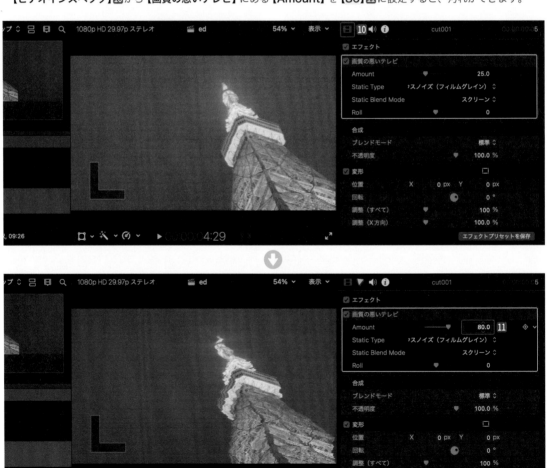

検索バーに【プリズム】12と入力して、【プリズム】エフェクト13を適用します。

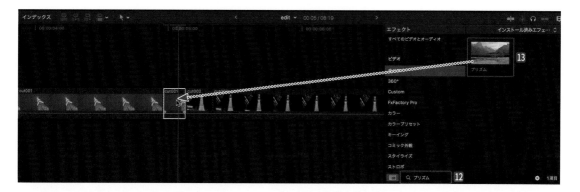

【ビデオインスペクタ】から【プリズム】にある【Amount】を【70】14に設定すると、RGBのズレが生まれます。

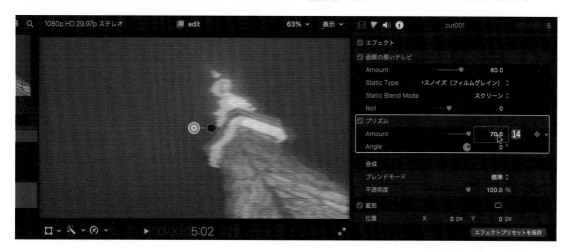

検索バーに【ピクセル】15と入力して、【ピクセル化】エフェクト16を適用します。

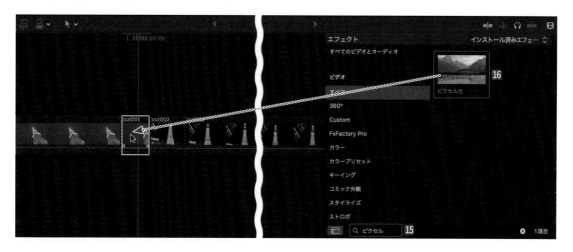

【ビデオインスペクタ】から【ピクセル化】にある【Amount】を【10】**17**に設定すると、ドットが強調されます。

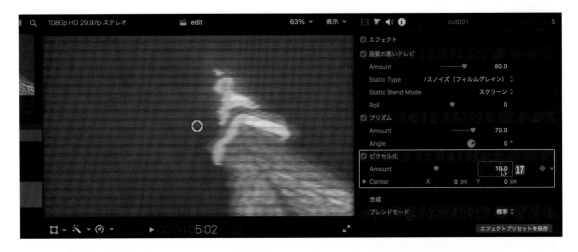

　右側の【cut001】**18**をコピーして、左側の【cut002】**19**を選択し、[command]＋[shift]＋[V]キーで【パラメータを ペースト】します。

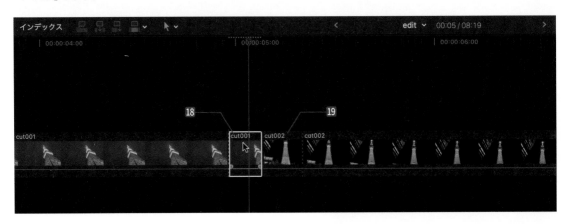

　【エフェクト】の項目すべて**20**をチェックして、【ペースト】ボ タン**21**をクリックします。

アニメーションを付ける

【4秒29フレーム】■に移動して、【cut001】■を選択します。

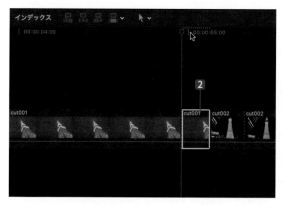

【ビデオインスペクタ】■から【変形】の【位置】と【調整（すべて）】に【キーフレーム】■を作成します。

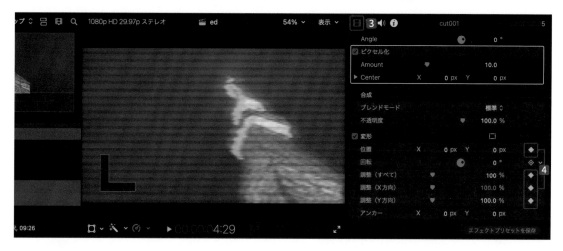

【5秒】■に移動して、【変形】の【調整（すべて）】を【300】■に設定します。
【位置】の【X】を【-354.0】■に設定します。自動的に【キーフレーム】■が作成されます。

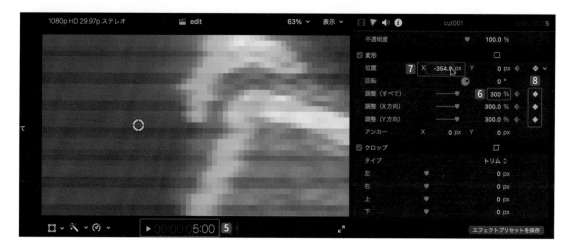

【5秒2フレーム】**9**に移動して、【変形】の【調整（すべて）】を【100】**10**に設定します。
【位置】の【X】を【0】**11**に設定します。

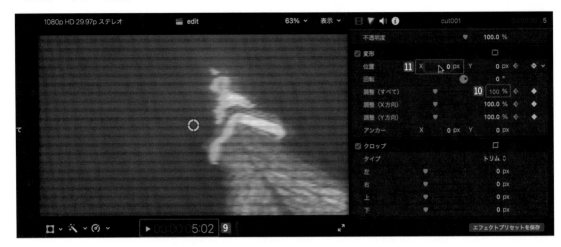

【5秒4フレーム】**12**に移動して、【cut002】**13**を選択します。
【ビデオインスペクタ】**14**から【変形】の【位置】と【調整（すべて）】に【キーフレーム】**15**を作成します。

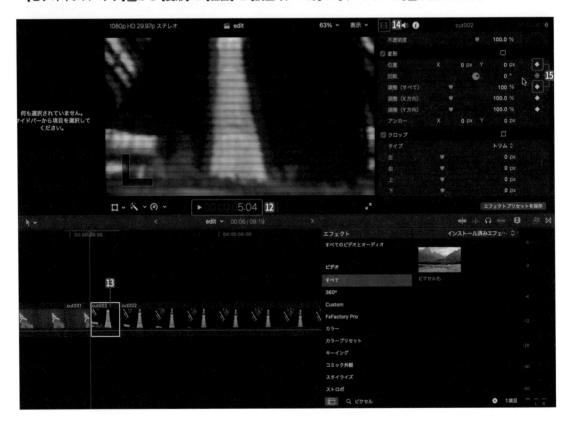

【5秒7フレーム】⑯に移動して、【変形】の【調整（すべて）】を【250】⑰に設定します。
【位置】の【Y】を【-300.0】⑱に設定します。

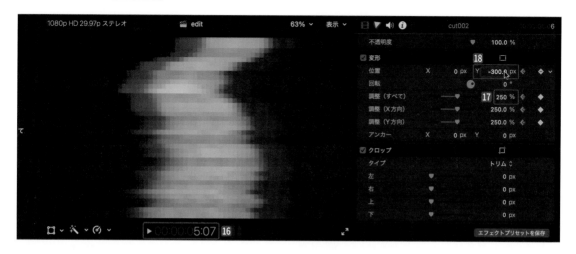

【5秒9フレーム】⑲に移動して、【変形】の【調整（すべて）】を【100】⑳に設定します。
【位置】の【Y】を【0】㉑に設定します。

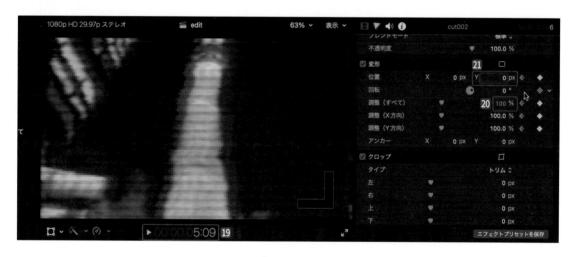

【変更】メニューから【すべてレンダリング】
㉒（ command ＋ shift ＋ R キー）を選択して
適用します。

再生するとグリッチ効果が生まれて、場面転換するエフェクトになりました。これで完成です。

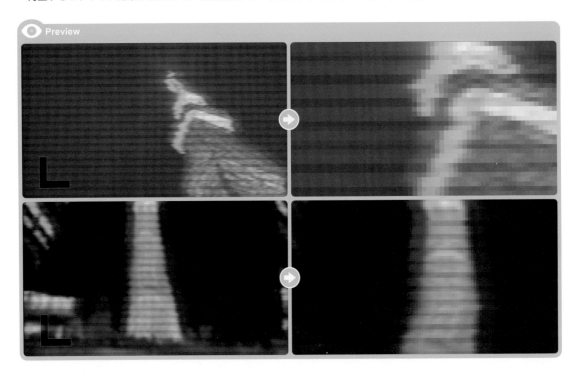

スピードコントロールの演出

Section 3

4

完成動画 3-4

ここでは、スピードコントロールの方法について解説します。急激なスローや早送りなど、自由に調整していきます。

:: 編集の準備をする

新規ライブラリの作成

【ファイル】メニューの【新規】から【ライブラリ】**1**を選択します。

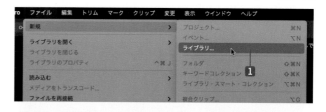

保存する先を選択します。ここでは、HDDにある【speed_control】**2**を選択します。

【名前】を【speed_control】**3**とし、【保存】ボタン**4**をクリックします。

メディアの読み込み

【ファイル】メニューの【読み込む】から【メ
ディア】**1**（ command ＋ I キー）を選択しま
す。

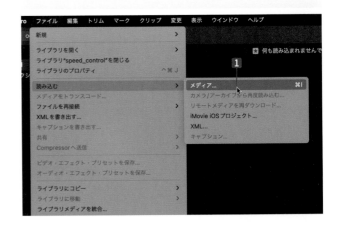

【メディアの読み込み】ダイアログボックスで【speed_control】フォルダにある【source】から【cut001.mp4】、
【cut002.mp4】、【cut003.mp4】**2**を shift キーを押しながら選択して、【選択した項目を読み込む】ボタン**3**をクリッ
クします。

新規プロジェクトの作成

【ファイル】メニューの【新規】から【プロジェクト】**1**（ command ＋ N キー）を選択します。

【プロジェクト名】を【edit】**2**に設定します。
ここでは、横型のプロジェクトを作成します。
その他は図のように設定して、【OK】ボタン**3**をクリックします。

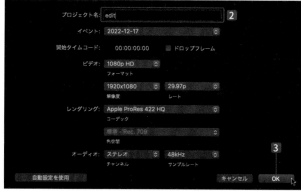

クリップを並べる

【ブラウザ】でクリップ【cut001】～【cut003】**1**をドラッグしてタイムラインに配置**2**します。

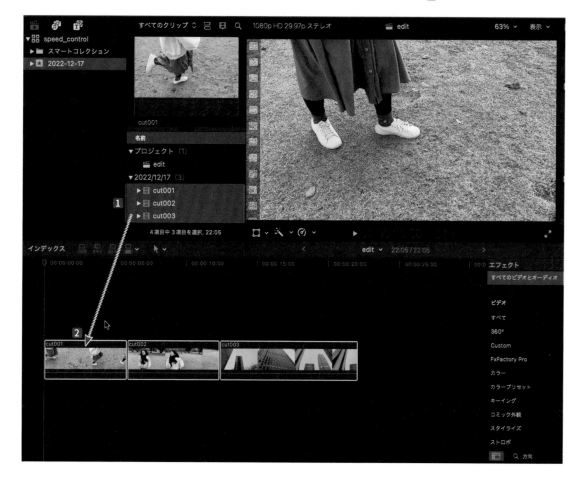

131

カット編集する

【再生ヘッド】を【2秒15フレーム】に移動して【cut001】を選択し、【ビューア】の【リタイミング】メニュー**1**をク
リックします。

【ブレード速度】**2** (shift + B キー) を選択するとクリップが分割され、【リタイミングエディター】が表示されます。

分割されたクリップの右側の【リタイミングエディター】の▼**3**をクリックします。【遅く】から【25%】**4**を選択する
と、1/4のスピードになります。

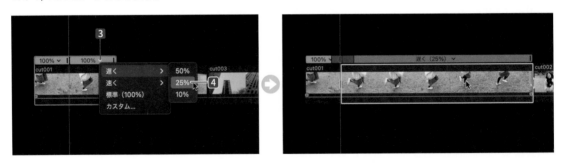

再生すると、標準スピードからゆっくりグラデーションを付けてスローになりますが、より素早く変化させていきます。

分割されたクリップ間の速度アイコンを図のように狭めていくと、速度の切り替えが素早く転換されていきます。

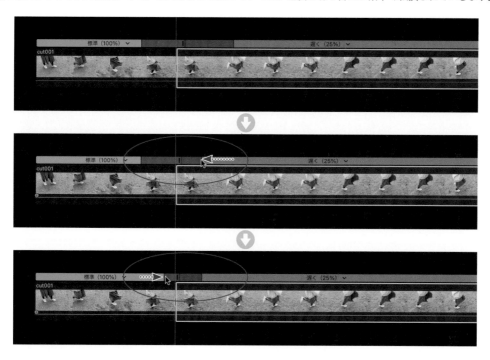

【11秒11フレーム】に移動して【cut001】**5**を選択し、【ビューア】の【リタイミング】メニュー**6**をクリックします。
【ブレード速度】**7**（ shift ＋ B キー）を選択すると、クリップが分割されます。

分割されたクリップの右側の【リタイミングエディター】の ▽ **8** をクリックして、【標準（100%）】**9**を選択します。
再生すると【cut001】は標準スピードからスロー、そして標準スピードに変化していきます。

【14秒23フレーム】に移動して【cut002】を選択し、【ビューア】の【リタイミング】メニュー🔟をクリックします。
【ブレード速度】⓫（ shift ＋ B キー）を選択すると、クリップが分割されます。

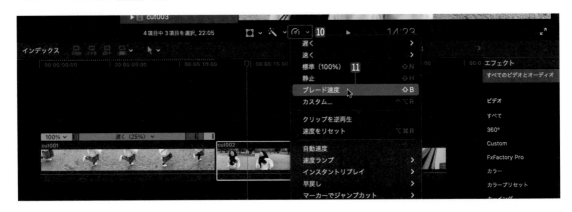

分割されたクリップの右側の【リタイミングエディター】の▼⓬をクリックします。
【遅く】から【25%】⓭を選択すると、1/4のスピードになります。

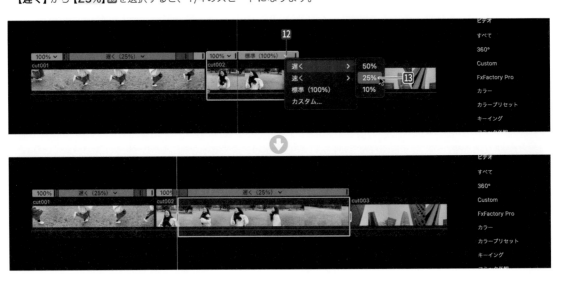

【20秒2フレーム】に移動して【cut002】⓮を選択し、【ビューア】の【リタイミング】メニュー⓯をクリックします。
【ブレード速度】⓰（ shift ＋ B キー）を選択すると、クリップが分割されます。

　分割されたクリップの右側の【リタイミングエディター】の∨ 17 をクリックします。【標準（100%）】 18 をクリックします。

こちらも標準スピードからスロー、そして標準スピードに変化していきます。

【25秒13フレーム】に移動して【cut003】 19 を選択し、【ビューア】の【リタイミング】メニュー 20 をクリックします。【ブレード速度】 21 （ shift ＋ B キー）を選択すると、クリップが分割されます。

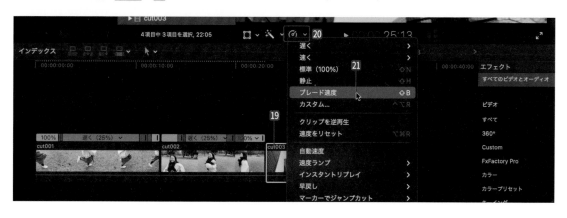

分割されたクリップの右側の【リタイミングエディター】の∨ 22 をクリックします。
【カスタム】 23 をクリックして【レート】を【500】 24 に設定すると、5倍速になります。

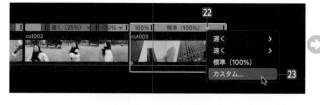

【26秒21フレーム】に移動して【cut003】を選択し、【ビューア】の【リタイミング】メニュー🎯をクリックします。
【ブレード速度】🎯（ shift ＋ B キー）を選択すると、クリップが分割されます。

分割されたクリップの右側の【リタイミングエディター】の ☑🎯をクリックして、【標準（100%）】🎯を選択します。

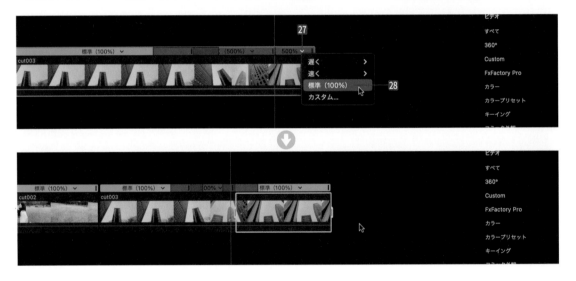

【エフェクト】の【ブラー】から【方向】🎯を選択して、【cut003】に適用🎯します。

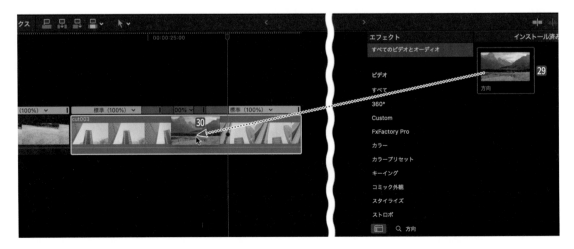

【25秒9フレーム】**31**に移動して、【エフェクト】の【方向】にある【Amount】を【0】**32**、【Angle】を【180°】**33**に設定し、【キーフレーム】**34**を作成します。

【25秒27フレーム】**35**に移動して、【エフェクト】の【方向】にある【Amount】を【302】**36**に設定します。
自動的に【キーフレーム】**37**が作成されます。

【26秒12フレーム】**38**に移動して、【エフェクト】の【方向】にある【Amount】を【0】**39**に設定します。
自動的に【キーフレーム】**40**が作成されます。

再生すると、急激に速くパンする映像になります。

5　オブジェクトトラッキング機能の使い方

ここでは、Final Cut Pro Xの新機能「オブジェクトトラッキング」の使い方について解説します。

1　モザイクを追従する

新規ライブラリの作成

　【ファイル】メニューの【新規】から【ライブラリ】■を選択します。

　保存する先を選択します。ここでは、HDDにある【object】❷を選択します。
　【名前】を【object】❸とし、【保存】ボタン❹をクリックします。

イベントの名前を変更

　自動で作成された【イベント名】を【cut001】に変更します。

メディアの読み込み

　【ファイル】メニューの【読み込む】から【メディア】■（ command + I キー）を選択します。

【メディアの読み込み】ダイアログボックスで【object】フォルダにある【source】から【cut001.mp4】**2**を選択して、【選択した項目を読み込む】ボタン**3**をクリックします。

新規プロジェクトの作成

【ファイル】メニューの【新規】から【プロジェクト】**1**（ command ＋ N キー）を選択します。

【プロジェクト名】を【edit】**2**に設定します。
【ビデオ】は【縦】**3**、その他は図のように設定して、【OK】ボタン**4**をクリックします。

クリップを並べる

【ブラウザ】でクリップ【cut001】**1**を
ドラッグしてタイムラインに配置**2**しま
す。

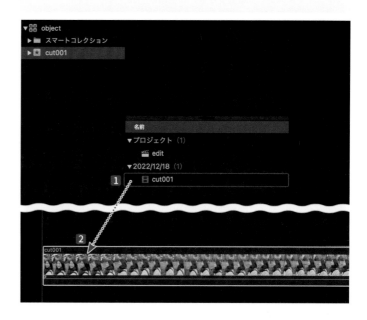

トラッキングする

【エフェクト】から【すべてのビデオとオーディオ】**1**を選択して、検索バーに【センサー】**2**と入力します。【センサー】
エフェクト**3**を【ビューア】上の顔付近**4**にドラッグします。【フェース】と表示される箇所もありますが、ここでは【オ
ブジェクト】を使用します。該当箇所でドロップすると、適用されます。

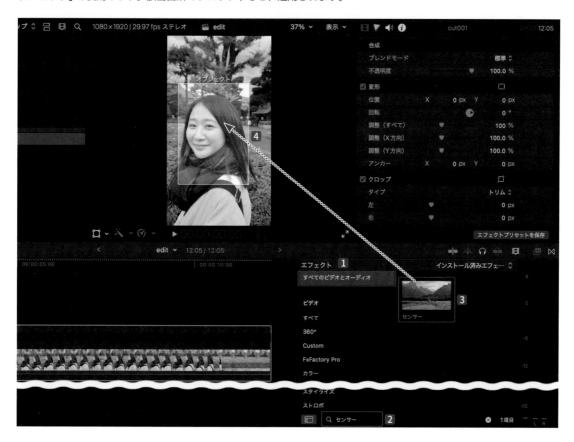

【シェイプマスク】を調整できるので、顔の一回り大きいシェイプに変形**5**していきます。

【ビデオインスペクタ】の【センサー】にある【Amount】を【79.91】**6**に設定します。

【Radius】を【330】**7**に設定します。

【0秒】に合わせて、【ビューア】上の【解析】⑧をクリックします。

作成したシェイプの形状で異なりますが、ほとんどの場合、女性がフレームアウトする際に解析が止まります。

手動でアニメーションを付けます。【10秒26フレーム】⑨に移動して、シェイプをドラッグ⑩して左に移動します。

さらに、【11秒8フレーム】⓫でシェイプを完全に枠外にドラッグ⓬して移動します。

これで完成です。モザイクが追従するアニメーションになります。

完成動画
3-5-A

2　テロップを吸着する ❶

イベントを作成する

【ファイル】メニューの【新規】から【イベント】
❶（ option + N キー）を選択します。

【イベント名】を【cut002】❷ に変更して、
【OK】ボタン❸をクリックします。

メディアの読み込み

【ファイル】メニューの【読み込む】から【メ
ディア】❶（ command + I キー）を選択しま
す。

【メディアの読み込み】ダイアログボックスで
【object】フォルダにある【source】から
【cut002.mp4】❷ を選択して、【選択した項目
を読み込む】ボタン❸をクリックします。

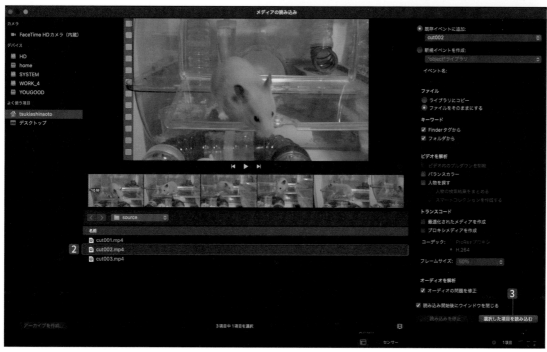

新規プロジェクトの作成

【ファイル】メニューの【新規】から【プロジェクト】**1**（ command + N キー）を選択します。

【プロジェクト名】を【edit】**2**に設定します。
【ビデオ】は【1080p HD】**3**、その他は図のように設定して、【OK】ボタン**4**をクリックします。

クリップを並べる

【ブラウザ】で【cut002】**1**ライブラリを選択して、クリップ【cut002】**2**をドラッグしてタイムラインに配置**3**します。

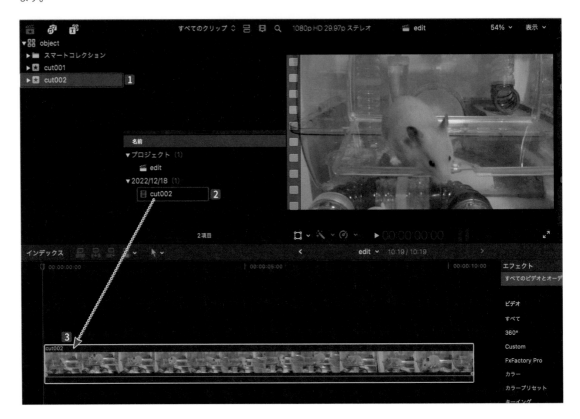

トラッキングする

【0秒】■の位置で【cut002】クリップ■を選択して、【ビデオインスペクタ】の下部にある【トラッカー】の➕■をクリックします。

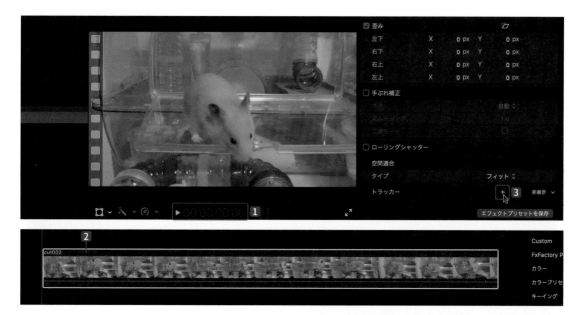

【ビューア】上にトラッキングのシェイプが表示されるので、ハムスターの体を覆うようにします■。

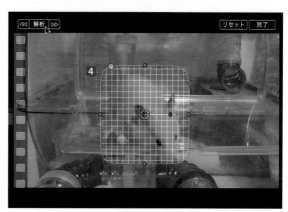

【0秒】■に合わせて、【ビューア】上の【解析】■をクリックします。

【ビデオインスペクタ】**7**の【オブジェクトトラック】をクリックして、名前を【ハムスター】**8**にします。

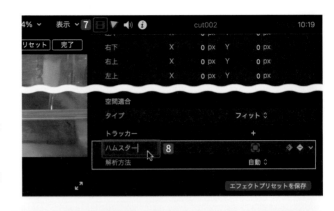

【"タイトルとジェネレータ"サイドバーを表示/非表示】**9**をクリックして、【タイトル】の【カスタム】クリップ**10**を配置します。

クリップ全体に伸ばします**11**。テキストを【ボンちゃん】**12**とします。

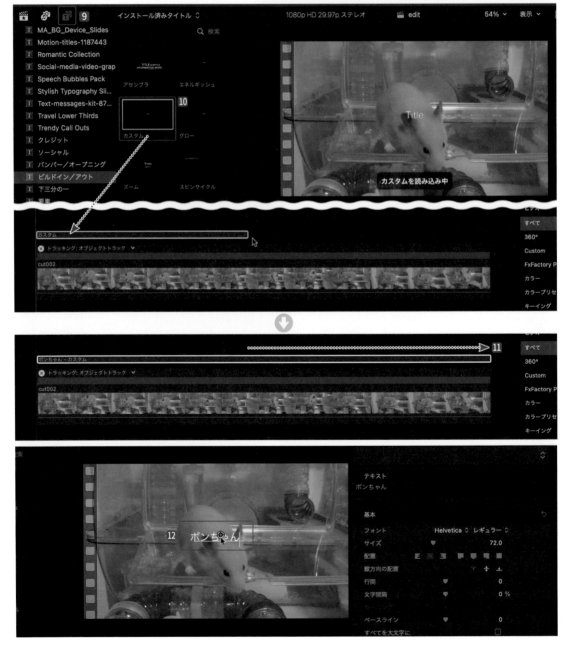

【テキストインスペクタ】🔞から【フォント】を【ヒラギノ丸ゴ】🔞にします。

下にスクロールして、【フェース】の【カラー】🔞をクリックします。
【カラーパレット】🔞から【マゼンタ】🔞を選択します。

さらに【アウトライン】⬛18をオンにして、【カラー】を【ホワイト】⬛19に設定します。

【幅】も【3】⬛20に設定します。

上にスクロールして、【**サイズ**】を【**112**】**㉑**に設定します。

トラッカーとリンクする

【**0秒**】**１**の位置に移動して【**ビューア**】上で【**ボンちゃん**】のテキスト**２**をダブルクリックして、ハムスターの体の上付近にドラッグ**３**して移動します。

【**ビューア**】の【**変形**】**◎４**をクリックします。【**ボンちゃん**】クリップ**５**を選択します。

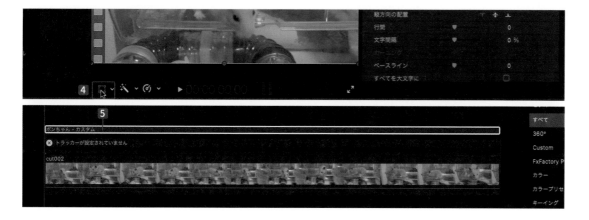

【ビューア】上部に【トラッカー】とあり、右の▼6をクリックします。さきほど解析した【ハムスター】のトラッキング7を選択します。

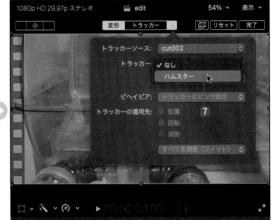

再生すると、ハムスターの動きに合わせてテキストが吸着します。

完成動画
3-5-B

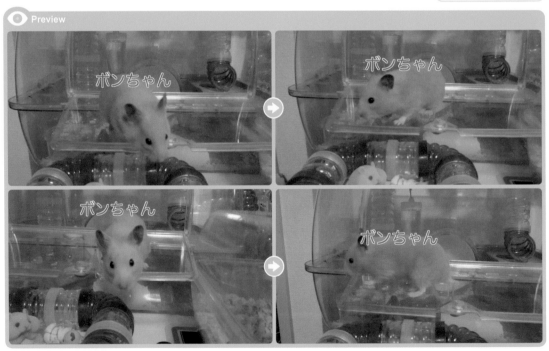

3 テロップを吸着する ❷

イベントを作成する

【ファイル】メニューの【新規】から【イベント】
❶（ option + N キー）を選択します。

【イベント名】を【cut003】❷に変更します。

メディアの読み込み

【ファイル】メニューの【読み込む】から【メ
ディア】❶（ command + I キー）を選択しま
す。
【メディアの読み込み】ダイアログボックスで
【object】フォルダにある【source】から
【cut003.mp4】❷を選択して、【選択した項目
を読み込む】ボタン❸をクリックします。

新規プロジェクトの作成

【ファイル】メニューの【新規】から【プロジェクト】**1**（ command ＋ N キー）を選択します。

【プロジェクト名】を【edit】**2**に設定します。
【ビデオ】は【縦】**3**、その他は図のように設定して、【OK】ボタン**4**をクリックします。

クリップを並べる

【ブラウザ】で【cut003】**1**ライブラリを選択して、クリップ【cut003】**2**をドラッグしてタイムラインに配置**3**します。

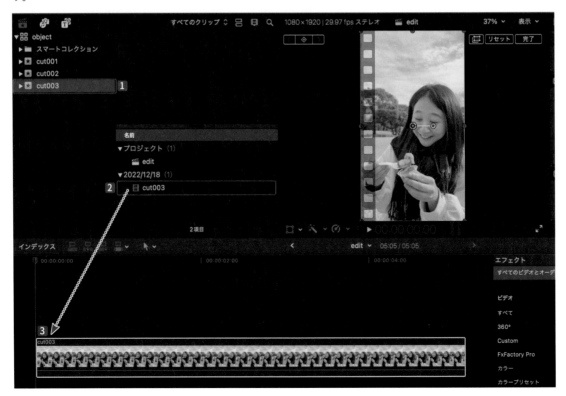

トラッキングする

【0秒】**1**の位置で【cut003】クリップ**2**を選択して、【ビデオインスペクタ】の下部にある【トラッカー】の**＋3**をクリックします。

【ビューア】上にトラッキングのシェイプが表示されるので、手に持っているプリンケーキを覆うようにシェイプします**4**。

【ビデオインスペクタ】の【解析方法】を【ポイントクラウド】**5**に設定します。

ムービーを解析する

【0秒】**1**に合わせて、【ビューア】上の【解析】**2**をクリックします。

再生すると、プリンケーキに追従します。

テキストをトラッキングする

【"タイトルとジェネレータ"サイドバーを表示/非表示】**1**をクリックして、【カスタム】クリップ**2**を配置します。クリップ全体に伸ばします。

テキストを【プリンケーキ】**3**として、【テキストインスペクタ】**4**から【フォント】を【ヒラギノ丸ゴ】**5**に設定します。

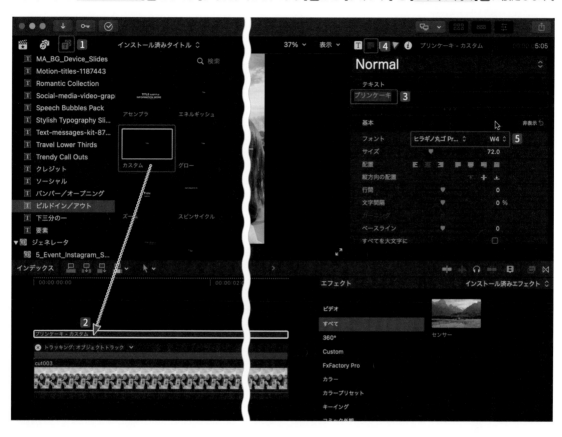

【0秒】の位置で【プリンケーキ】クリップをコピー&ペースト**6**します。

新しくペーストされたクリップの【ビデオインスペクタ】**7**の【位置】の【Y】を【-185.0】**8**に設定します。

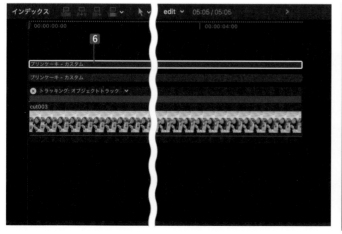

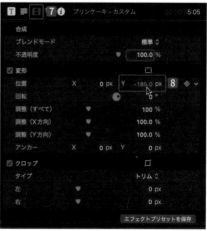

テキストをダブルクリックして【矢印】と入力し、図のような矢印 9 にします。

【ビデオインスペクタ】10 の【回転】を【-99】11 に設定します。

【位置】を【X】は【244.0】、【Y】は【-88.6】に設定します 12。

作成された2つのテキストクリップ**13**を選択し、右クリックしてコンテクストメニューから**【新規複合クリップ】14**（`option`＋`G`キー）を選択すると、1つのクリップにまとまります。**【複合クリップ名】**を**【プリンケーキ】15**と入力します。

【プリンケーキ】クリップ**16**を選択して、**【調整（すべて）】**を**【48%】17**に設定すると、テキストが小さくなります。

【ビューア】の**【変形】**■**18**をクリックして、**【プリンケーキ】19**クリップを選択します。

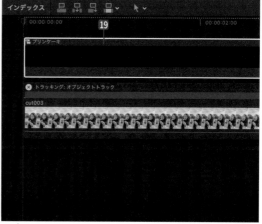

プリンケーキの左上にドラッグして配置**20**します。

【ビューア】上部の【トラッカー】の右にある ✓**21** をクリックします。さきほど解析した【オブジェクトトラック】**22** の
トラッカーを選択します。

再生すると、プリンケーキの動きに合わせてテキストが吸着します。

完成動画
3-5-C

※トラッキングの解析状況によって、テキストの位置は各々調整する必要があります。

Section 3

6

ロゴアニメーション

ここでは、モデルの動きに合わせてアイコンが出現したり、変化していくアニメーションを作成します。

1　分割するロゴアニメーション

2　手から出現するロゴアニメーション

1　分割するロゴアニメーション

新規ライブラリの作成

【ファイル】メニューの【新規】から【ライブラリ】■を選択します。

保存する先を選択します。ここでは、HDDに
ある【logo】**2**を選択します。

【名前】を【logo】**3**とし、【保存】ボタン**4**を
クリックします。

イベントの名前を変更する

自動で作成された【イベント名】を【logo1】**1**
に変更します。

メディアの読み込み

【ファイル】メニューの【読み込む】から【メ
ディア】**1**（ command ＋ I キー）を選択しま
す。

【メディアの読み込み】ダイアログボックスで【logo】フォルダにある【source】から【cut001.mp4】と
【YOUGOOD_logo.png】を command キーを押しながら選択**2**して、【選択した項目を読み込む】ボタン**3**をクリックします。
します。

新規プロジェクトの作成

【ファイル】メニューの【新規】から【プロジェクト】**1**（ command + N キー）を選択します。

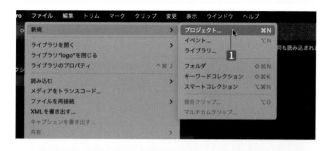

【プロジェクト名】を【edit】**2**に設定します。

【ビデオ】は【1080p HD】**3**を選択します。

その他は図のように設定して、【OK】ボタン**4**をクリックします。

クリップを並べる

【ブラウザ】でクリップ【cut001】**1**をドラッグしてタイムラインに配置**2**します。

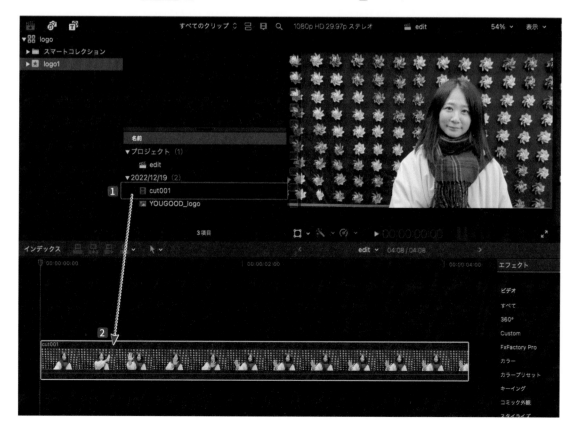

　【ブラウザ】でクリップ【YOUGOOD_logo】**3**をドラッグして【cut001】の上に配置**4**し、【cut001】に長さを合わせます**5**。

ロゴをアニメーションする

　【ビューア】の表示を【25%】**1**に設定します。

【YOUGOOD_logo】クリップ**2**を選択して、【ビデオインスペクタ】の【変形】の【位置】にある【X】を【1578.0】**3**に設定します。画面の右欄外に行きます。

【19フレーム】**4**で【位置】に【キーフレーム】**5**を作成します。

【1秒1フレーム】**6**に移動して【X】を【0】**7**に設定すると、中央にロゴが移動します。

【ビューア】の画面サイズを【50%】**8**にします。

【エフェクト】パネルの【マスク】から【マスクを描画】**9**を選択し、【YOUGOOD_logo】クリップに適用**10**します。

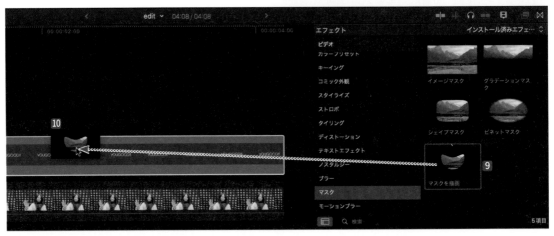

【1秒6フレーム】**11**に移動して、図のように【コントロールポイント】で囲います**12**。左側が消えるので、クリップを複製します。

💡 **TIPS　マスク**

コントロールポイントで囲った部分を表示することを「マスク」と言います。

【0秒】の位置で【YOUGOOD_logo】クリップをコピー&ペースト**13**します。

ペーストされた【YOUGOOD_logo】クリップ**14**を選択して、【ビデオインスペクタ】の【マスクを描画】にある【マスクを反転】**15**をオンにすると、左側が出現**16**します。

　下の【YOUGOOD_logo】クリップを選択して、どこに【キーフレーム】があるかわかりやすいように、【ビデオアニメーション】🔟（ control ＋ V キー）を表示します。

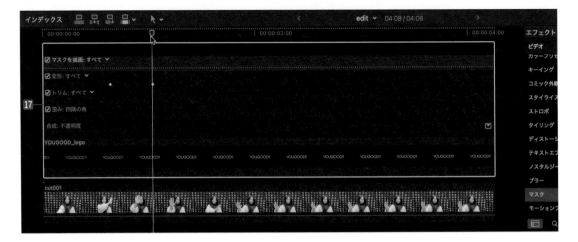

　下の【YOUGOOD_logo】クリップを選択したまま、【1秒5フレーム】🔞に移動して、【位置】に【キーフレーム】🔟を作成します。少し同じ場所にいるアニメーションになります。

【1秒13フレーム】🔞に移動して、【位置】の【X】を【329.0】、【Y】を【-319.0】に設定🔞します。

　下にある【YOUGOOD_logo】クリップ 22 を選択して、右クリックしてコンテキストメニューから【**新規複合クリップ**】 23 （ option ＋ G キー）を選択します。

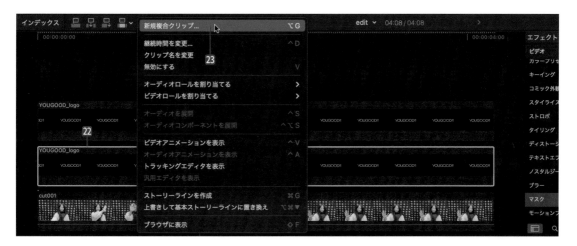

　【**複合クリップ名**】を【logo1】 24 と入力して、【**OK**】ボタン 25 をクリックします。

　【logo1】クリップに【**マスクを描画**】 26 を適用 27 します。

【1秒16フレーム】**28**に移動し、図のように【コントロールポイント】で囲みます**29**。
左側が消えるので、【logo1】クリップを複製します。

【0秒】の位置で【logo1】クリップ**30**をコピー＆ペーストします。

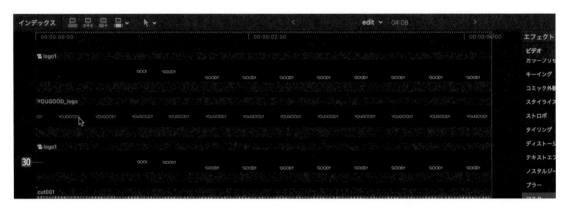

　ペーストされた【logo1】クリップ**31**を選択して、【ビデオインスペクタ】の【マスクを描画】にある【マスクを反転】**32**
をオンすると、右側が出現**33**します。

【1秒16フレーム】34に移動し、下の【logo1】クリップ35を選択して、【ビデオインスペクタ】36の【位置】に【キーフレーム】37を作成します。

【2秒】38に移動し、【位置】を【X】は【-785.0】、【Y】は【64.0】に設定39します。

【YOUGOOD_logo】クリップ⓸を選択して【1秒22フレーム】㊶に移動し、【位置】に【キーフレーム】㊷を作成します。

【2秒】㊸に移動し、【位置】を【X】は【-245.1】、【Y】は【3.0】に設定㊹します。

これで完成です。

2／手から出現するロゴアニメーション

イベントを作成する

【ファイル】メニューの【新規】から【イベント】
1を作成します。

【イベント名】に【logo2】**2**と入力して、【OK】
ボタン**3**をクリックします。

メディアの読み込み

【ファイル】メニューの【読み込む】から【メ
ディア】**1**（ command ＋ I キー）を選択します。

【メディアの読み込み】ダイアログボックスで
【logo2】のイベント**2**を選択して、【object】
フォルダにある【source】から【cut002.
mp4】と【YOUGOOD_logo.png】を shift
キーを押しながら選択して**3**、【選択した項目を
読み込む】ボタン**4**をクリックします。

新規プロジェクトの作成

【ファイル】メニューの【新規】から【プロジェクト】**1**（ command + N キー）を選択します。

【プロジェクト名】を【edit】**2**に設定します。
【ビデオ】は【1080p HD】**3**を選択します。
その他は図のように設定して、【OK】ボタン**4**
をクリックします。

クリップを並べる

【ブラウザ】でクリップ【cut002】**1**をドラッグして、タイムラインに配置**2**します。

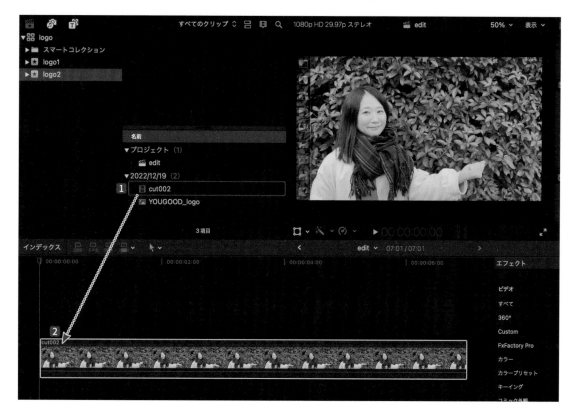

動きを解析する

【cut002】**1**を選択して、【ビデオインスペクタ】**2**の下部にある【トラッカー】の**＋3**をクリックします。

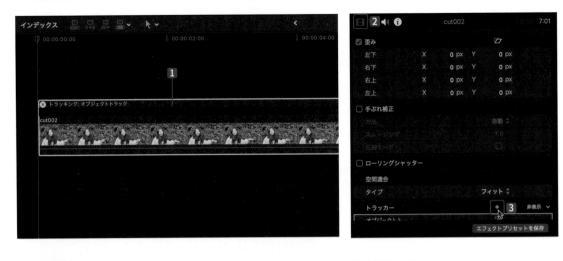

【0秒】**4**の位置で【ビューア】上の手を覆うようにトラッキングの範囲を指定**5**します。

【解析】**6**をクリックすると、手の動きを解析します。

【オブジェクトトラック】をクリックして、名前を【ハンド】**7**にします。

ロゴアニメーションを作る

【ブラウザ】で【YOUGOOD_logo】**1**をドラッグして【cut002】の上**2**に配置し、【cut002】に長さを合わせます**3**。

【YOUGOOD_logo】**4**を選択して、【ビデオインスペクタ】の【調整（すべて）】を【65】**5**に設定します。

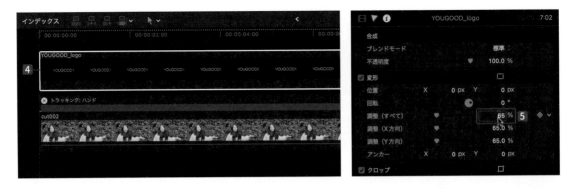

【位置】を【X】は【436.0】、【Y】は【-114.3】に設定**6**します。

【ビューア】の【変形】**7**をクリックします。【トラッカー】の**8**をクリックして、【ハンド】**9**を選択します。

手の動きに合わせて、ロゴが浮遊しているように動きます。

【1秒29フレーム】⑩の位置で【位置】⑪と【調整（すべて）】⑫に【キーフレーム】を作成します。

【1秒21フレーム】⑬の位置で【位置】の【X】は【-5.6】、【Y】は【-2.3】に設定⑭します。
【調整（すべて）】は【0】⑮に設定します。
再生すると、手の中から出てくるアニメーションになります。

【ビューア】の【変形】⬛16を押した状態で【YOUGOOD_logo】17を選択すると、モーションパスが表示されます。
両先端のポイント18 20を右クリックして、コンテクストメニューから【直線状】19 21を選択します。

【スムーズ】を選択すると大きくなるアニメーションの最初と最後が緩やかにメリハリがつき、【直線状】は変化が一定で大きくなります。

※トラッキングの解析状況によって、ロゴの位置は各々調整する必要があります。

アイコンを作る

【2秒】**1** に移動して、【ジェネレータ】の【カスタム】**2** を頭合わせで配置 **3** します。

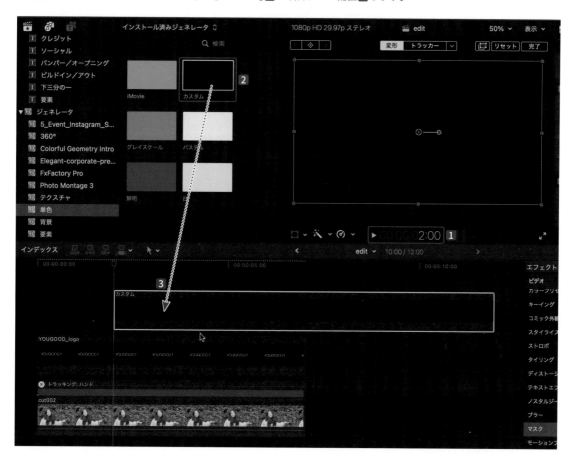

後ろを揃えます **4** 。

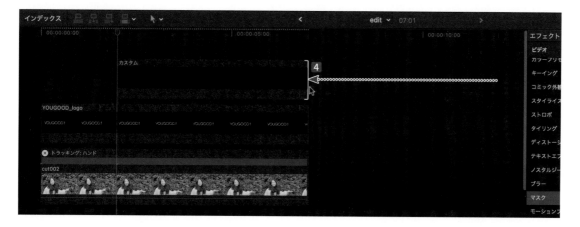

【カスタム】クリップを選択して、【ジェネレータ】インスペクタ**5**から【color】**6**をクリックして、【ホワイト】**7**に設定します。

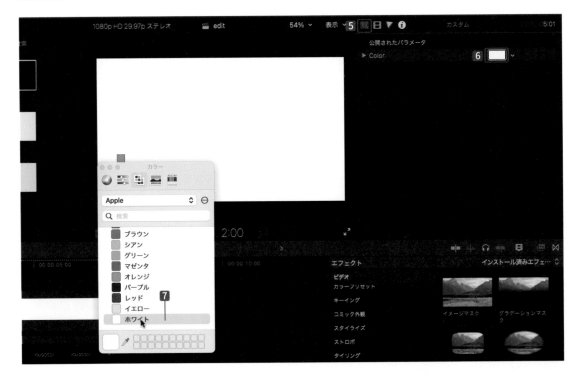

【カスタム】クリップ**8**を選択して、【ビデオインスペクタ】**9**の【クロップ】にある【左】と【右】を【952.0】**10**に設定します。

【位置】の【X】を【493.0】**11**に設定します。

【クロップ】の【上】を【420.0】**12**、【下】を【450.0】**13**に設定します。

【カスタム】クリップ**14**を選択して , キーを4回押すと、4フレーム戻ります。

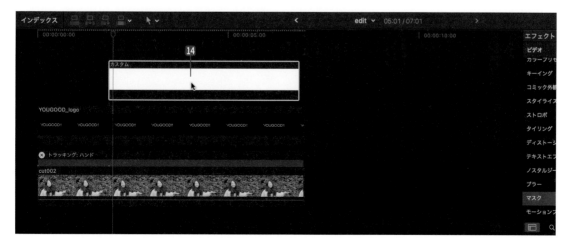

【2秒】⓯の位置で【クロップ】の【上】と【下】に【キーフレーム】⓰を作成します。

【1秒26フレーム】⓱の位置で【上】を【630.0】⓲に設定すると、線が消えます。

【2秒4フレーム】⓳の位置で【下】を【660.0】⓴に設定すると、線が消えます。

再生すると、4フレームかけて下から上に線が出て、4フレームかけて下から消えていくアニメーションになります。

【1秒26フレーム】の位置で【カスタム】クリップ21をコピー＆ペーストします。

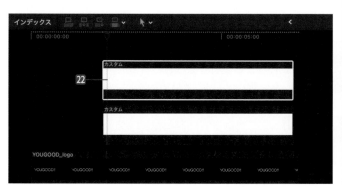

ペーストした【カスタム】クリップ22を選択し、【ビデオインスペクタ】23の【回転】を【40.0】24、【位置】の【X】を【100.0】25に設定します。

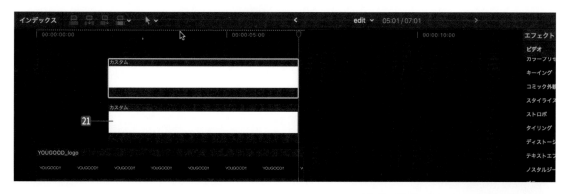

再び【1秒26フレーム】の位置で【カスタム】クリップをコピー＆ペーストします。ペーストした【カスタム】クリップ
㉖を選択して、【ビデオインスペクタ】㉗の【回転】を【-40.0】㉘、【位置】の【X】を【886.0】㉙に設定します。

3つの【カスタム】クリップ㉚を選択して、右クリックしてコンテクストメニューから【新規複合クリップ】㉛
（ option ＋ G キー）を選択します。【複合クリップ名】を【logo2】㉜に変更します。

【1秒26フレーム】の位置で【logo2】クリップ**33**をコピー＆ペーストします。

【2秒】**34**の位置でペーストした【logo2】クリップ**35**を選択して、【回転】を【180】**36**に設定します。

【位置】を【X】は【987.0】、【Y】は【-348.0】**37**に設定します。

再生すると手の中からロゴが出現し、線のシェイプアニメーション効果も適用されています。これで完成です。

Section 3

7

多重露光を演出しよう！

完成動画 3-7

ここでは、2つの動画をグラフィティカルに重ねて表現する「多重露光」という演出を解説します。
また、色調整以外に合成モードも学びます。

:: 編集の準備をする

新規ライブラリの作成

【ファイル】メニューの【新規】から【ライブラリ】**1**を選択します。

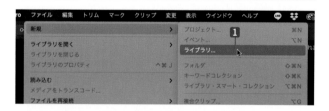

保存する先を選択します。ここでは、HDDにある【tajuu】**2**を選択します。
【名前】を【tajuu】**3**とし、【保存】ボタン**4**をクリックします。

メディアの読み込み

【ファイル】メニューの【読み込む】から【メディア】**1**（ command + I キー）を選択します。

【メディアの読み込み】ダイアログボックスで【tajuu】フォルダにある【source】から【cut001.mp4】と【cut002.mp4】を選択**2**して、【選択した項目を読み込む】ボタン**3**をクリックします。

新規プロジェクトの作成

【ファイル】メニューの【新規】から【プロジェクト】**1**（ command + N キー）を選択します。

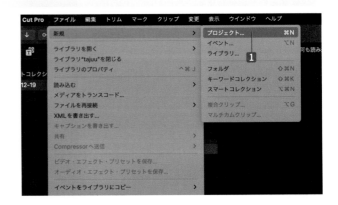

【プロジェクト名】を【edit】**2**に設定します。
【ビデオ】は【1080p HD】**3**を選択します。
　その他は図のように設定して、【OK】ボタン**4**
をクリックします。

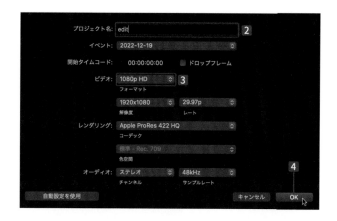

クリップを並べる

　【ブラウザ】でクリップ【cut001】**1**をドラッ
グして、タイムラインに配置**2**します。

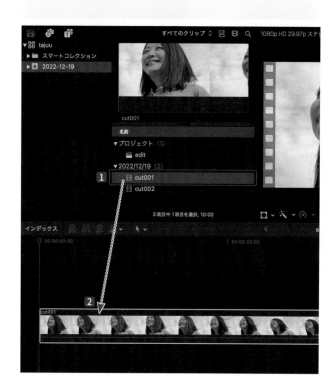

明るさを調整する

　【カラーインスペクタ】**1**をクリックします。
【補正なし】**2**をクリックして、【＋ヒュー/サチュ
レーションカーブ】**3**を選択します。

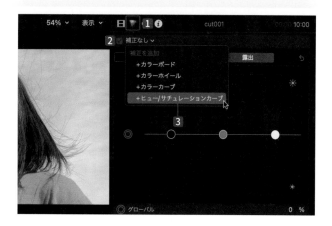

　【ヒュー/サチュレーション1】にあるスポイトアイコン🖌️**4**をオンにして、空の青い部分**5**をクリックすると、グラフに適応する色のポイントが作成されます。

　中央にある薄い青のポイント**6**を下げると彩度がなくなり、空の部分がモノクロになります。

　雲のムラを明るくしてなくしていきます。【ヒュー/サチュレーションカーブ1】**7**をクリックして、【＋カラーホイール】**8**をクリックします。

【カラーホイール1】の【ハイライト】の右側のゲージ**9**をかなり上げて明るくします。
これは、明るい部分をより明るくしています。

まだムラが残っているので、さらに【グローバル】の右側のゲージ**10**を少し上げます。

さらに【グローバル】の真ん中のポイント**11**を右下に移動すると、全体的に青みがかります。

【ビデオインスペクタ】**12**をクリックし、【ブレンドモード】**13**を【加算】**14**にします。

【ブラウザ】で【cut002】をドラッグして
【cut001】の下に配置**15**すると、顔と体の部分
にだけ桜の映像が浮かび上がります。

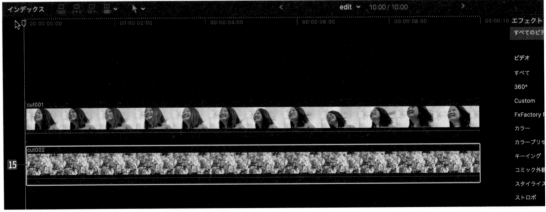

これで完成です。

【グローバル】の真ん中のポイント16を調整して、お好みの色に変更したりすることができます。

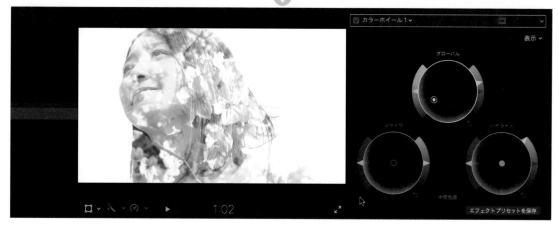

Section 3 / 8 1つだけ色を残す演出

完成動画 3-8

ここでは、お花畑で一つの花の色だけ残す演出方法を紹介します。

:: 編集の準備をする

新規ライブラリの作成

【ファイル】メニューの【新規】から【ライブラリ】**1**を選択します。

保存する先を選択します。ここでは、HDDにある【1color】**2**を選択します。

【名前】を【1color】**3**とし、【保存】ボタン**4**をクリックします。

メディアの読み込み

【ファイル】メニューの【読み込む】から【メディア】（ command ＋ I キー）を選択します。

【メディアの読み込み】ダイアログボックスで【1color】フォルダにある【source】の【cut001.mp4】**1**を選択して、【選択した項目を読み込む】ボタン**2**をクリックします。

新規プロジェクトの作成

【ファイル】メニューの【新規】から【プロジェクト】（ command ＋ N キー）を選択します。

【プロジェクト名】を【edit】**1**に設定します。

【ビデオ】は【1080p HD】**2**、その他は図のように設定して、【OK】ボタン**3**をクリックします。

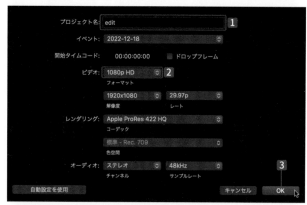

クリップを並べる

【ブラウザ】でクリップ【cut001】**1**をドラッグして、タイムラインに配置**2**します。

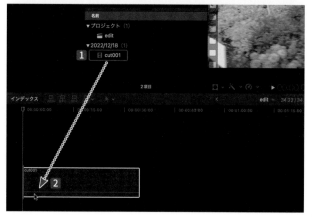

色を抽出する

【エフェクト】パネルの【カラー】■から【カラーボード】■を選択して、クリップに適用■します。

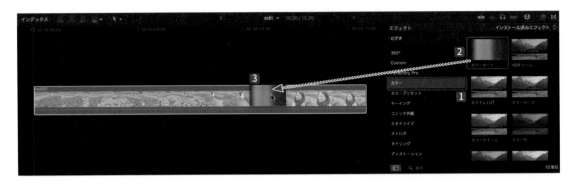

【ビデオインスペクタ】■の【カラーボード１】■項目のアイコン◙■をクリックします。
【カラーマスクを追加】■をクリックします。

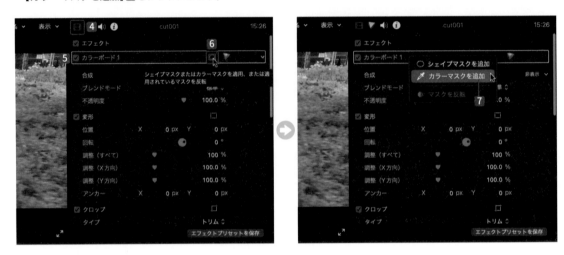

　【スポイトマーク】■がオンになっているのを確認して、【0秒】■の位置で黄色の花■をクリックし、ドラッグしながら色の範囲を抽出します。

【カラーインスペクタ】11をクリックして、【カラーボード1】項目の下部にある【マスク】を【外側】12にします。
これは、選択した黄色の花以外の場所になります。

【サチュレーション】の【グローバル】13を一番下まで移動すると、黄色以外はモノクロになります。

【カラーボード1】14をクリックして、【＋カラーカーブ】15を選択します。

【ルミナンス】16のグラフを図のようにします。クリックするとポイントが作成され、ドラッグすると上下します。
これは暗いところはより暗く、明るいところはより明るくなるコントラストの設定です。

これでほぼ完成ですが、女性のマフラーの黄色が残っています。

【0秒】の位置でクリップ**17**をコピーします。

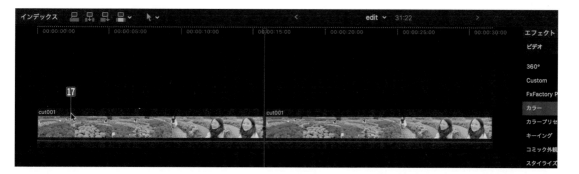

上に配置**18**します。

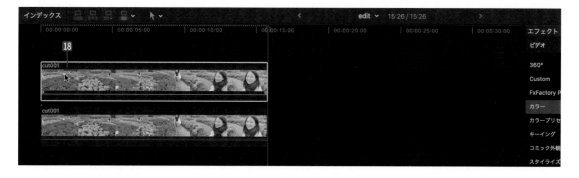

【11秒18フレーム】**19**に移動します。

【マスクを描画】20を上のクリップに配置します。マフラーの部分を【コントロールポイント】21で囲います。

上のクリップを選択して、【ビデオインスペクタ】22の【カラーマスク】23を選択して、 delete キーで削除します。

【カラーインスペクタ】24を表示します。【カラーボード１】25を選択します。

【サチュレーション】の【グローバル】26を一番下まで移動すると、マフラーの箇所がモノクロになります。

【11秒18フレーム】27の箇所で【ビデオインスペクタ】28の【マスクを描画】にある【コントロールポイント】で【キーフレーム】29を作成します。前後のマフラー部分に合わせて、【コントロールポイント】を変形していきます。

TIPS コントロールポイントの編集

ポイントはドラッグして変更することができます。タイムコード**1**を進めて、マフラーの部分をコントロールポイント**2**で囲んでいきます。
最初に【キーフレーム】を作成していたら、自動的に新しい【キーフレーム】**3**が作成されます。
このコントロールポイントのメイキングは、下記のQRコードから動画でご覧いただけます。

マフラーの色が見えてくる【2秒13フレーム】でクリップを縮めます㉚。これで完成です。

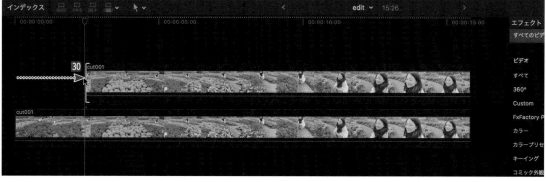

Section 3

9

360°動画を作ろう！

完成動画 3-9

ここでは、360度カメラ「RICOH THETA X」を使って、360°動画の撮影、編集、書き出しの方法を解説します。

:: 撮影内容

撮影をしよう！

今回は、延長ロッドに「RICOH THETA X」を装着して撮影します。

【cut001】は誰かが後ろから撮影している雰囲気を出すために、延長ロッドに付けた360度カメラを自身の後ろに伸ばして撮影しています。

Preview

【cut002】は指の映り込みをなくすために延長ロッドに付けて、
自身の前に高く上げて撮影します。

次に、編集に移ります。

新規ライブラリの作成

【ファイル】メニューの【新規】から【ライブラ
リ】**1**を選択します。

保存先を選択します。ここでは、HDDにある
【360°】**2**を選択します。
【名前】を【360°】**3**とし、【保存】ボタン**4**を
クリックします。

メディアの読み込み

【ファイル】メニューの【読み込む】から【メ
ディア】**1**（ command ＋ I キー）を選択しま
す。

【メディアの読み込み】ダイアログボックスで【360°】フォルダにある【source】から【cut001.mp4】と【cut002.mp4】❷を shift キーを押しながら選択して、【選択した項目を読み込む】ボタン❸をクリックします。

新規プロジェクトの作成

【ファイル】メニューの【新規】から【プロジェクト】❶（ command ＋ N キー）を選択します。

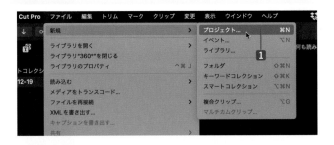

【プロジェクト名】を【edit】❷に設定します。
【ビデオ】は【360°】❸を選択します。
　その他は図のように設定して、【OK】ボタン❹をクリックします。

クリップを並べる

【ブラウザ】でクリップ【cut001】と【cut002】**1**をドラッグして、タイムラインに配置**2**します。

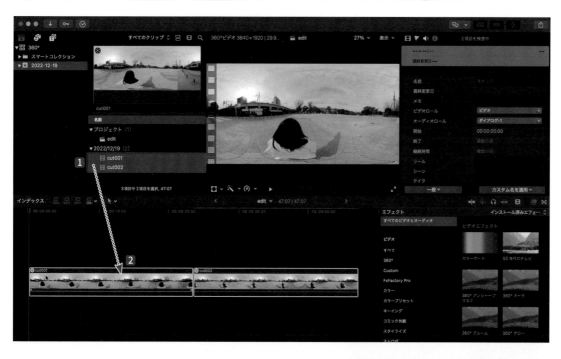

クリップを選択して、【情報イ
ンスペクタ】**3**をクリックします。
　【一般】**4**を選択します。
　【360°プロジェクションモー
ド】で【エクイレクタングラー】**5**
を選択します。

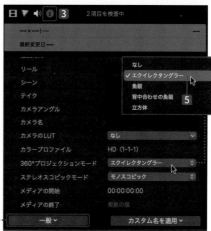

【表示】**6**から【360°ビューア】**7**を選択して
オンにします。

通常の【ビューア】■8 と【360°ビューア】■9 が表示されます。

【360°ビューア】の上部にあるゲージ■10 を調整すると、視野を調整できます。

【360°ビューア】■11 をドラッグすると、アングルを確認できます。

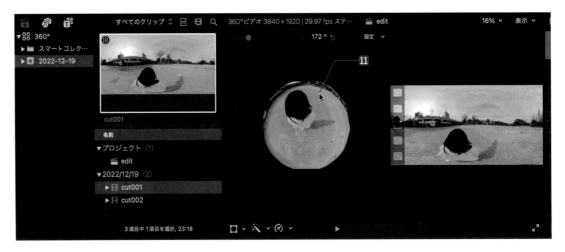

カット編集をする

360°動画の編集も、通常と同じです。

【22秒18フレーム】**1** に移動してカットし、右側**2** を削除します。

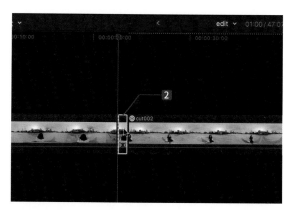

【23秒18フレーム】**3** に移動してカットし、左側**4** を削除します。

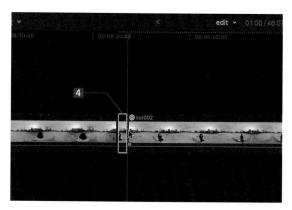

【cut001】を加工する

360°動画もトラッキングできます。

【0秒】の位置で【cut001】**1** をクリックして、【ビデオインスペクタ】**2** の【トラッカー】の **+3** をクリックします。

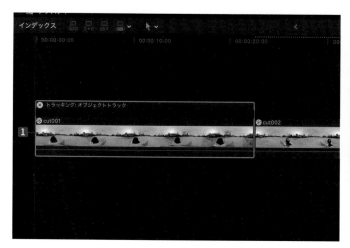
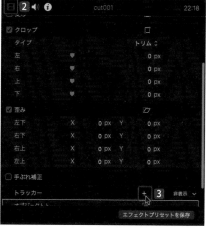

女性の頭にトラックの範囲**4**を定めます。
動画を解析**5**します。

【カスタム】**6**のテキストクリップを【cut001】に配置**7**して、クリップ全体に伸ばします。

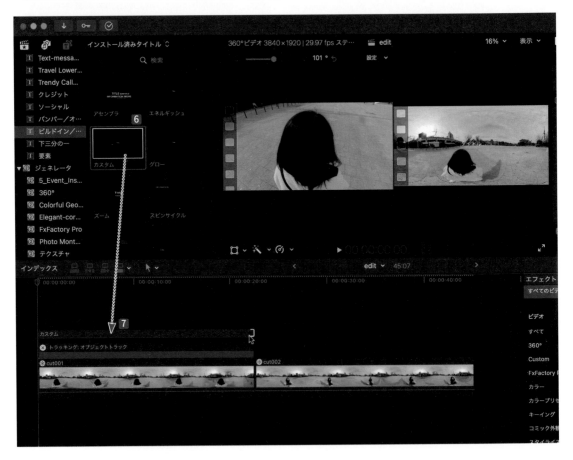

【散歩中！】**8**と入力します。

テキストをドラッグして選択し、【テキストインスペクタ】**9**から一番上の項目をクリックして、3Dスタイルの図の項目**10**を選択します。

【サイズ】を【111.0】に設定してテキスト**11**をダブルクリックし、ドラッグして女性の頭の上に配置します。

【テキストインスペクタ】**12**の【3Dテキスト】にある【表示】**13**をクリックします。

【深度】を【98.0】**14**に設定します。奥行きが深くなります。

【360°ビューア】（ option ＋ command ＋ 7 キー）を閉じます。

【散歩中！】のカスタムクリップ⓯を選択して【変形】◻️⓰をクリックし、【トラッカー】の☑⓱をクリックします。
【オブジェクトトラック】⓲を選択します。

これで、モデルの頭上に「**散歩中！**」のテロップが吸着する設定になりました。

【cut002】を加工する

同様に、【cut002】もトラッキングします。

【22秒18フレーム】**1**の位置で【cut002】**2**をクリックして、【ビデオインスペクタ】**3**の【トラッカー】の**＋**　**4**をクリックします。

今度は女性が画面上で切れて、顔では解析しにくいので、持っているカバン**5**にトラックの範囲を定めます。

動画を解析**6**します。

名前を【**オブジェクトトラック2**】**7**と変更します。

【**散歩中！**】のカスタムクリップをコピー＆ペーストして、図のように配置**8**します。

ペーストしたテキストクリップ**9**を選択して、【**ビューア**】上でテキストをクリック**10**すると、3Dを調整できます。

女性に並行になるように移動します⓫。

女性の横に配置します⓬。

　ペーストされた【散歩中！】
のカスタムクリップ⓭を選択
して【変形】▣⓮をクリック
し、【トラッカー】の▽⓯を
クリックします。
　【オブジェクトトラック2】
⓰を選択します。

　これで、女性の横に常に吸着するテロップになります。

これで完成です。

ファイルを書き出そう！

【ファイル】メニューから【共有】の【ファイル
を書き出す（デフォルト）】**1**をクリックします。

【ファイルを書き出す】ダイアログボックスで図
のように設定します。デフォルト（初期設定）の
ままで大丈夫です。

保存先を設定して**2**、【**保存**】ボタン**3**をクリックします。

書き出された動画ファイルをYouTubeにアップロードすると、360°動画として公開されます。

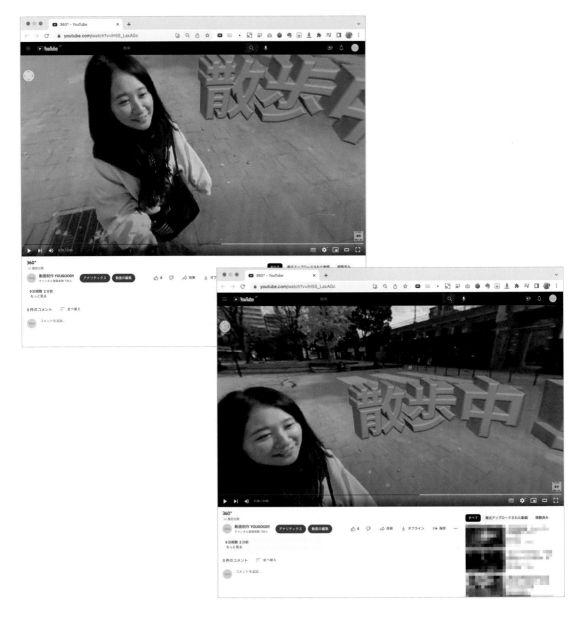

■■■■

Chapter

4

上級編
映像作品を編集してみよう！

ここでは、ビジネスやエンタメで使われる動画作品を実際に作って
いきます。手順は複雑になりますが、操作は今まで学んだことの応
用なので最後まで諦めずにやりきってみてください。

Section 4

1 インタビュー動画の作り方

完成動画 4-1

ここではインタビュー動画を撮影して、途中にインサート映像を差し込む方法を紹介します。
マスクやキーフレームの操作をマスターしましょう！

:: 新規ライブラリの作成

【ファイル】メニューの【新規】から【ライブラ
リ】**1**を選択します。

保存する先を選択します。ここでは、HDD内
の【interview】**2**を選択します。
【名前】を【interview】**3**とし、【保存】ボタン
4をクリックします。

⠿ メディアの読み込み

【ファイル】メニューの【読み込む】から【メ
ディア】**1**（ command + I キー）を選択しま
す。

【メディアの読み込み】ダイアログボックスで【interview】フォルダの【source】から shift キーを押しながら28個
のファイル**2**すべてを選択して、【選択した項目を読み込む】ボタン**3**をクリックします。

⠿ 新規プロジェクトの作成

【ファイル】メニューの【新規】から【プロジェ
クト】**1**（ command + N キー）を選択します。

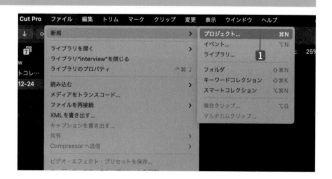

【プロジェクト名】を【edit】**2**に設定します。
【ビデオ】は【1080p HD】**3**を選択します。
その他は図のように設定して、【OK】ボタン**4**
をクリックします。

クリップを並べる

【ブラウザ】から【cut001】〜【cut007】クリップをドラッグして、数字の順番に並べます**1**。

【5秒22フレーム】でカットして、右側の【cut001】クリップ**2**を削除します。

【14秒28フレーム】❸でカットします。

【16秒1フレーム】でカットして、左側の【cut002】クリップ❹を削除します。

【18秒13フレーム】❺でカットします。

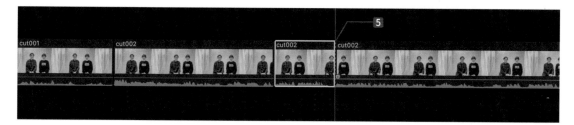

【20秒15フレーム】でカットして、左側の【cut002】クリップ❻を削除します。

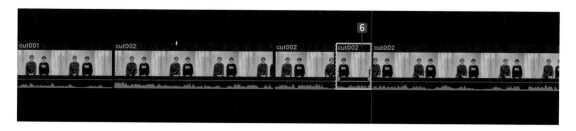

【32秒6フレーム】❼でカットします。

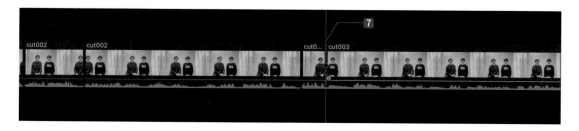

【33秒21フレーム】でカット、左側の【cut003】クリップ**8**を削除します。

【36秒14フレーム】**9**でカットします。

【37秒21フレーム】でカットして、左側の【cut003】クリップ**10**を削除します。

【40秒7フレーム】**11**でカットします。

【41秒1フレーム】**12**でカットして、左側の【cut003】クリップを削除します。

【44秒4フレーム】⓭でカットします。

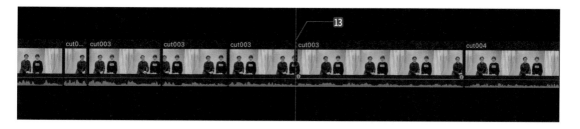

【45秒13フレーム】でカットして、左側の【cut003】クリップ⓮を削除します。

【49秒18フレーム】⓯でカットします。

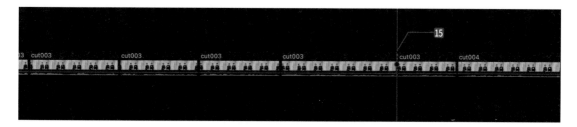

【50秒12フレーム】でカットして、左側の【cut003】クリップ⓰を削除します。

【1分3秒】⓱でカットします。

【1分4秒4フレーム】でカットして、左側の【cut004】クリップ⑱を削除します。

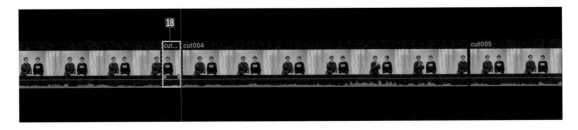

【1分5秒17フレーム】⑲でカットします。

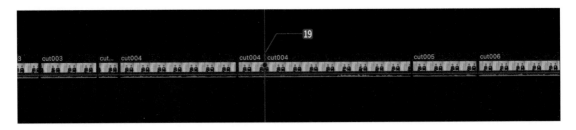

【1分8秒13フレーム】でカットして、左側の【cut004】クリップ⑳を削除します。

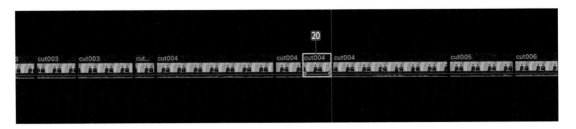

【1分40秒19フレーム】でカットして、右側の【cut006】クリップ㉑を削除します。

最終的な長さは、【1分55秒28フレーム】になります。

∷ インサートを挿入する

01　インサート1

【ファイル】メニューの【新規】から【プロジェクト】**1**（ command ＋ N キー）を選択します。

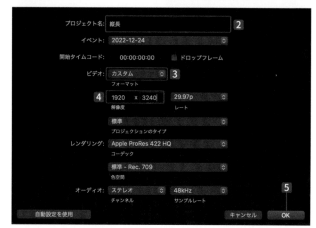

【プロジェクト名】を【縦長】**2**に設定します。
【ビデオ】は【カスタム】**3**、【解像度】は【1920×3240】**4**に設定します。
その他は図のように設定して、【OK】ボタン**5**をクリックします。

縦長のプロジェクトが作成されます。これは、HDサイズの縦が3倍になっています。
【ジェネレータ】の【テクスチャ】にある【ペーパー】**6**を配置します。【6秒22フレーム】の長さ**7**に設定します。

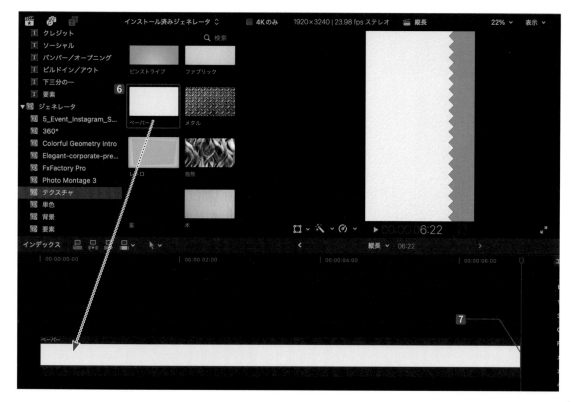

【ジェネレータインスペクタ】**8**から【Tint Color】**9**をクリックします。
【RGBつまみ】**10**より【941751】**11**のカラーに設定します。

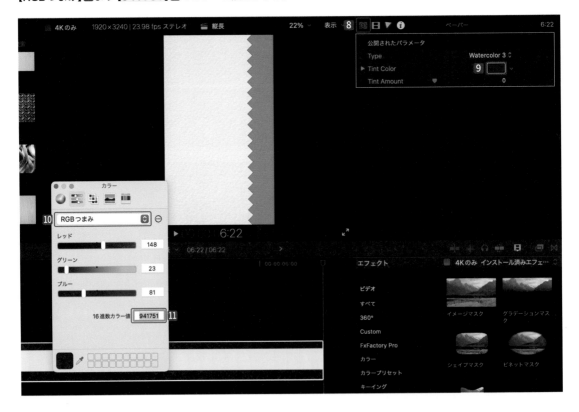

【Tint Amount】を【1】**12**に設定すると、マゼンダの色合いになります。

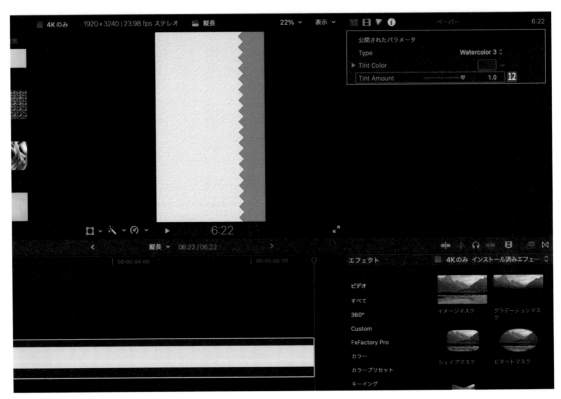

【ブラウザ】から【1a】**13**と【1b】**14**を図のように配置します。

【1b】**15**の【位置】を【X】は【300】、【Y】は【-550】、【回転】は【-5】、【調整（すべて）】は【60】に設定します**16**。

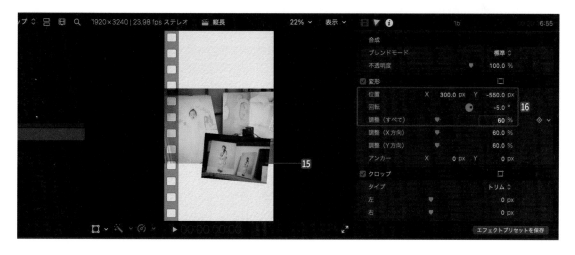

【1a】⑰の【位置】を【X】は【-280】、【Y】は【225】、【回転】は【20】、【調整（すべて）】は【60】に設定します⑱。

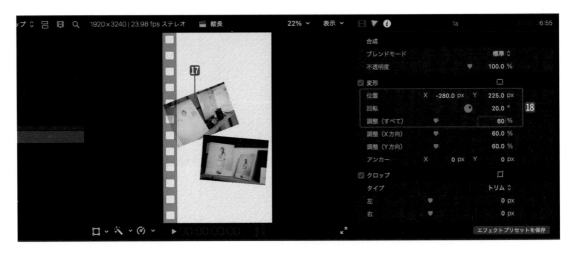

クリップをすべて選択して、【新規複合クリップ】⑲（ option ＋ G キー）を選択します。
【複合クリップ名】を【insert001】⑳と入力します。

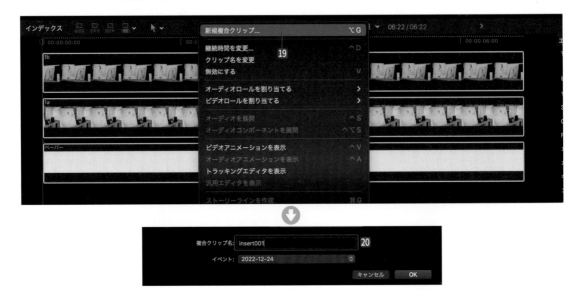

タイムライン上部にある ◀ アイコン㉑をクリックすると、【edit】のタイムラインに戻ります。

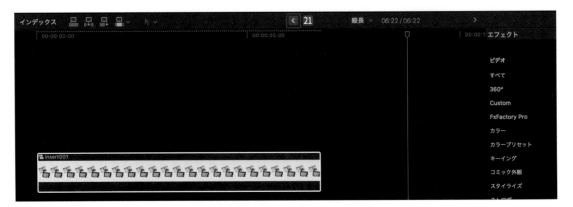

TIPS　プロジェクトの開き方

【ブラウザ】のプロジェクト**1**をダブルクリックしても開きます。

【ブラウザ】から【insert001】をドラッグして【14秒28フレーム】**22**に頭合わせにすると、細長いクリップが配置されます。

【14秒28フレーム】23の位置で【insert001】24を選択して、【調整（すべて）】を【300】25に設定します。縦がHDサイズの3倍なので、3倍の大きさまで等倍となります。【位置】の【Y】を【-170】26にして、【キーフレーム】27を作成します。

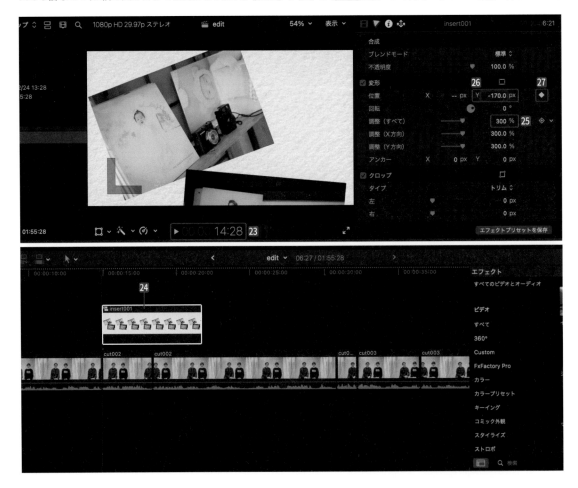

【21秒19フレーム】28で【Y】を【311.4】29に設定すると、上に流れるアニメーションになります。

02　インサート2

【ジェネレータ】の【ペーパー】を【30秒26フレーム】にある【cut003】の頭合わせに配置**1**します。長さを【40秒7フレーム】まで伸ばします。

【ジェネレータインスペクタ】**2**から【Tint Color】**3**をクリックします。【RGBつまみ】**4**より【00F900】**5**のカラーに設定します。【Tint Amount】を【1】**6**に設定します。

【ブラウザ】から【2a】**7**を【30秒26フレーム】から【35秒25フレーム】まで配置**8**します。

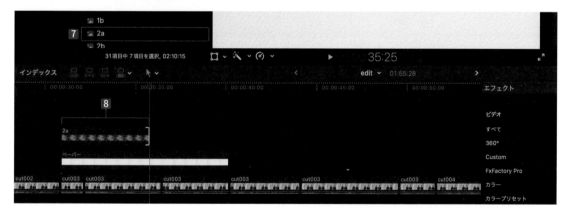

【2b】**9**を【35秒25フレーム】から【ペーパー】クリップの最後まで配置**10**します。

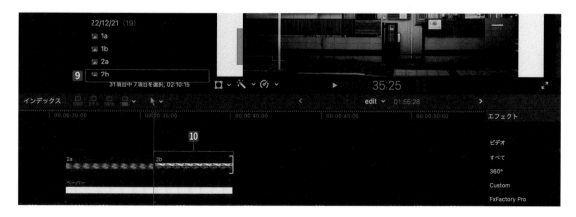

【ジェネレータ】の【カスタム】⑪を図のように配置⑫します。

【カスタム】⑬の【ビデオインスペクタ】⑭から【クロップ】を上から【400】、【400】、【150】、【150】に設定します⑮。

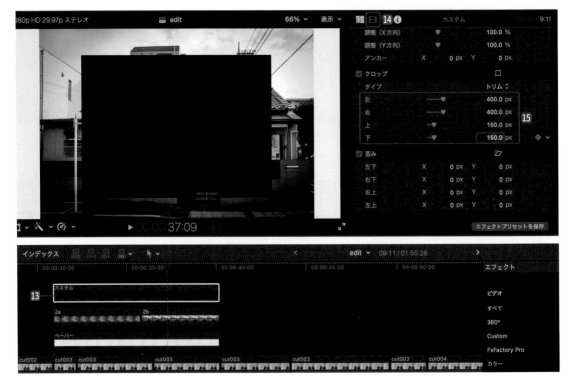

【カスタム】16の【ブレンドモード】を【ステンシルアルファ】17に設定します。
黒い枠の部分だけ【カスタム】クリップの下に配置したクリップが表示されます。

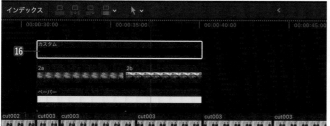

【カスタム】と【2a】、【2b】クリップ18を選択して、【新規複合クリップ】19（ option ＋ G キー）を選択します。
【複合クリップ名】を【insert002】20と入力します。

> **TIPS** 【新規複合クリップ】にした理由
>
> 【ステンシルアルファ】は直下にあるクリップすべてに
> 反映します。ここでは「ペーパー」には反映したくない
> ので、解説のように【新規複合クリップ】を適用してい
> ます。

【insert002】クリップ21をダブルクリックして、タイムラインを開きます。

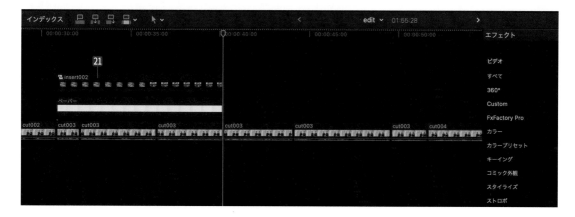

237

【0秒】22の位置で【2a】23の【調整（すべて）】を【71】24に設定して、【キーフレーム】25を作成します。

【4秒28フレーム】26の位置で【調整（すべて）】を【77】27に設定します。

再生すると、徐々にズームするアニメーションになります。

【4秒29フレーム】28の位置で【2b】29の【調整（すべて）】を【70】30に設定して、【キーフレーム】31を作成します。

【9秒10フレーム】32の位置で【調整（すべて）】を【78】33に設定します。

タイムライン上部にある◀アイコン**34**をクリックすると、【edit】のタイムラインに戻ります。

【insert002】と【ペーパー】の間に、【ジェネレータ】の【カスタム】**35**を配置**36**します。

【カスタム】37をクリックして、【ジェネレータインスペクタ】38から
【Color】39をクリックします。【RGBつまみ】40より【F8DFC5】41
のカラーに設定します。

【カスタム】42の【ビデオインスペクタ】43から【クロップ】を上から【400】、【400】、【150】、【150】に設定します44。

【調整（すべて）】を【105】**45**に設定すると、写真に枠が付きます。

03 **インサート3**

【46秒17フレーム】**1**の位置で頭合わせで【ブラウザ】から【3a】、【3b】、【3c】を図のように配置します**2**。

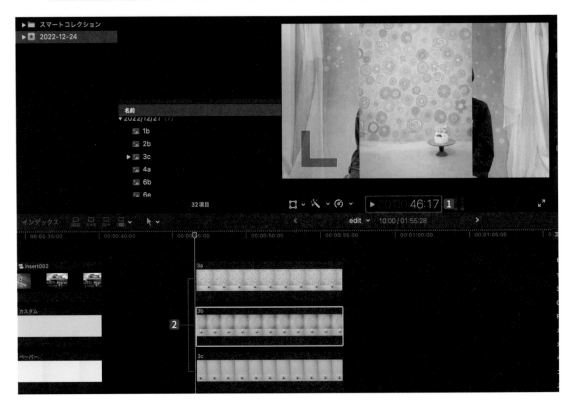

3つのクリップを【51秒20フレーム】**3**まで縮めます。

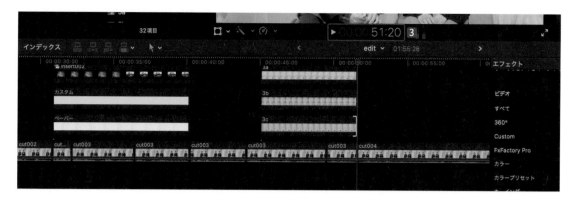

【3c】**4**の【位置】の【X】を【707.0】**5**に設定します。

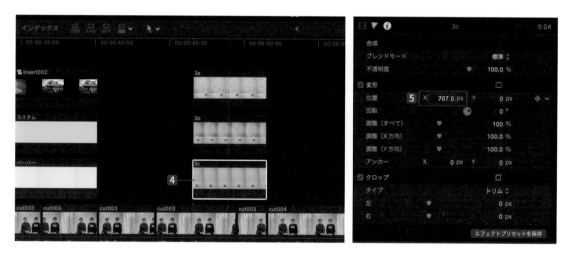

【3b】**6**の【位置】の【X】を【-627.0】**7**に設定します。

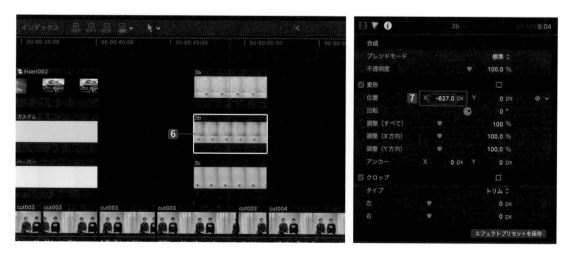

【3a】**8**の【クロップ】を【左】は【106.0】、【右】は【59.0】に設定**9**します。

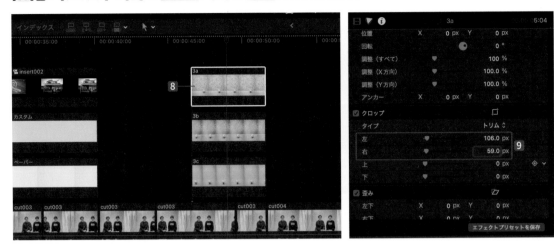

【3a】、【3b】、【3c】を選択**10**して、【新規複合クリップ】**11**（ option ＋ G キー）を選択します。
【複合クリップ名】を【insert003】**12**と入力します。

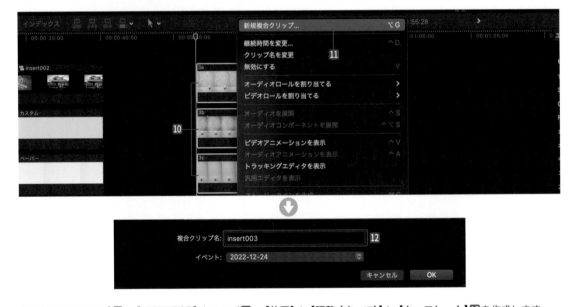

【46秒17フレーム】**13**で【insert003】クリップ**14**の【位置】と【調整（すべて）】に【キーフレーム】**15**を作成します。

【51秒19フレーム】**16**で【X】を【-55.0】**17**、【調整（すべて）】を【106】**18**に設定します。
ゆっくり拡大するアニメーションになります。

04 インサート4

【ファイル】メニューの【新規】から【プロジェクト】**1**（ command + N キー）を選択します。

【プロジェクト名】を【横長】**2**に設定します。
【ビデオ】は【カスタム】**3**、【解像度】は【3840×1080】**4**に設定します。
その他は図のように設定して、【OK】ボタン**5**をクリックします。

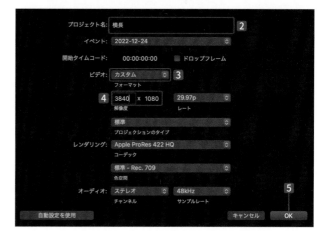

横長のプロジェクトができます。これは、HDサイズの横に2倍になっています。
【ジェネレータ】の【テクスチャ】にある【ペーパー】6を配置します。

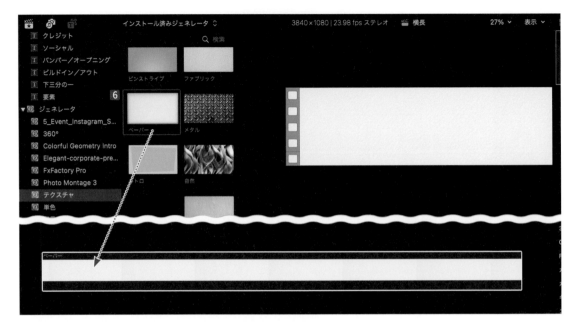

【ブラウザ】から図のように【4a】、【4b】、【4c】を配置します7。【8秒17フレーム】8に設定します。

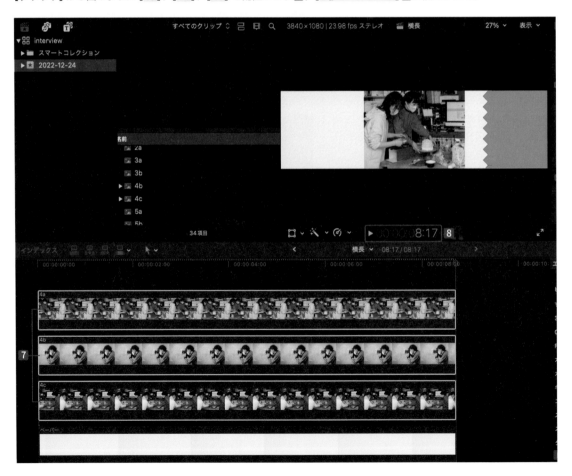

【4a】**9** の【位置】を【X】は【-1024.0】**10**、【回転】は【7】**11**、【調整（すべて）】は【57】**12** に設定します。

【4b】**13** の【回転】は【-13】**14**、【調整（すべて）】は【62】**15** に設定します。

【4c】⓰の【位置】を【X】は【1050.0】、【Y】は【-55】⓱、【回転】は【6】⓲、【調整（すべて）】は【61】⓳に設定します。

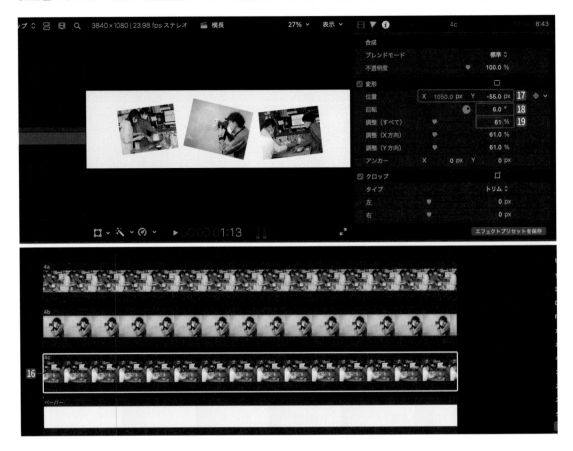

クリップをすべてを選択⓴して、【新規複合クリップ】㉑（ option ＋ G キー）を選択します。
【複合クリップ名】に【insert004】㉒と入力します。

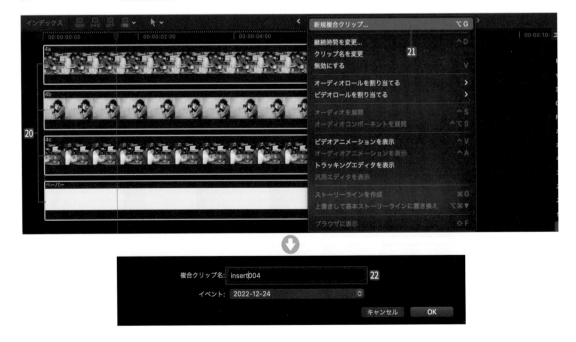

タイムライン上部にある◀アイコン㉓をクリックすると、【edit】のタイムラインに戻ります。

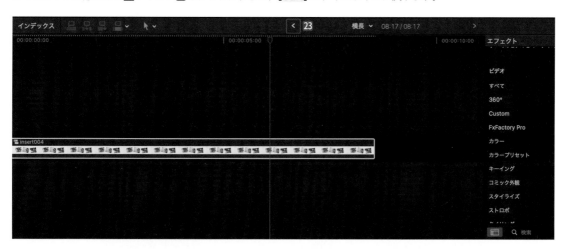

【ブラウザ】から【insert004】㉔を【1分29フレーム】に頭合わせにすると、細長いクリップが配置されます。

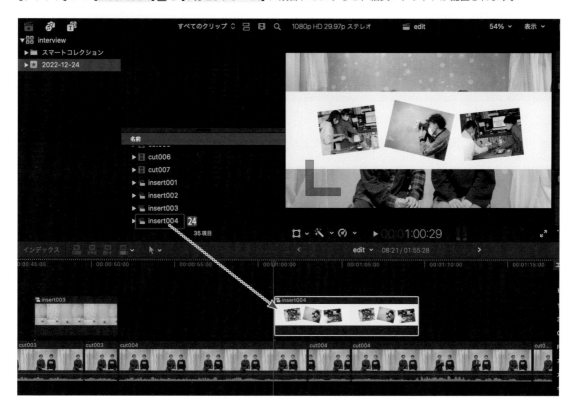

【1分29フレーム】25の位置で【insert004】26を選択して、【調整（すべて）】を【200】27に設定します。横がHDサイズの2倍なので、2倍の大きさまで等倍となります。
【位置】の【X】を【870】28に設定して、【キーフレーム】29を作成します。

【1分9秒15フレーム】30で【X】を【-503.5】31に設定すると、左に流れるアニメーションになります。

05 インサート5

【cut003】の頭に配置した【ペーパー】と【カスタム】**1**をコピーして、【1分22秒22フレーム】にある【cut006】の頭合わせでペースト**2**します。

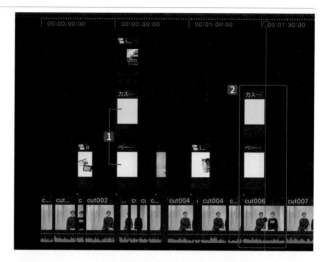

【1分27秒16フレーム】**3**に縮めます。

図のように、【1分22秒22フレーム】から【1分25秒2フレーム】まで【5a】**4**を配置**5**します。

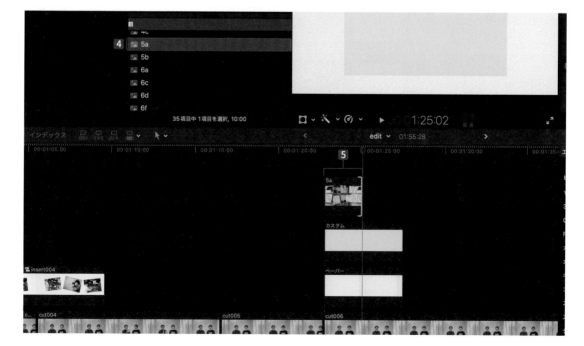

図のように【カスタム】の後ろまで【5b】6を配置7します。

【5a】、【5b】の上に【ジェネレータ】の【カスタム】8を配置9します。

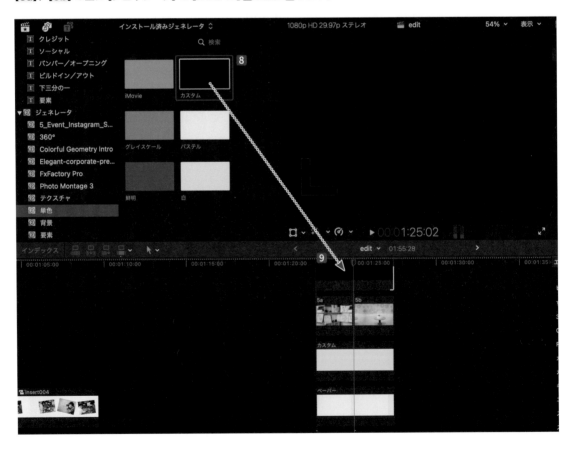

上に配置した【カスタム】と【5a】、【5b】🔟を選択して、【新規複合クリップ】⓫（ option ＋ G キー）を選択します。
【複合クリップ名】を【insert005】⓬と入力します。

【insert005】クリップをダブルクリックして、タイムラインを開きます。
【カスタム】⓭の【ブレンドモード】⓮を【ステンシルアルファ】⓯に設定します。

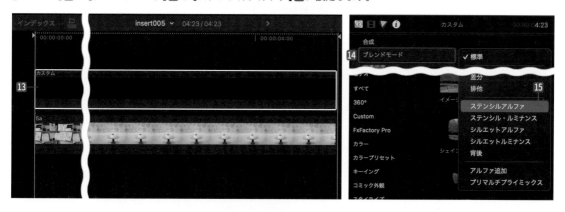

【カスタム】の【クロップ】を上から【400】、【400】、【150】、【150】に設定⓰します。

【0秒】**17**の位置で【5a】**18**の【調整（すべて）】を【73】**19**に設定して、【キーフレーム】**20**を作成します。

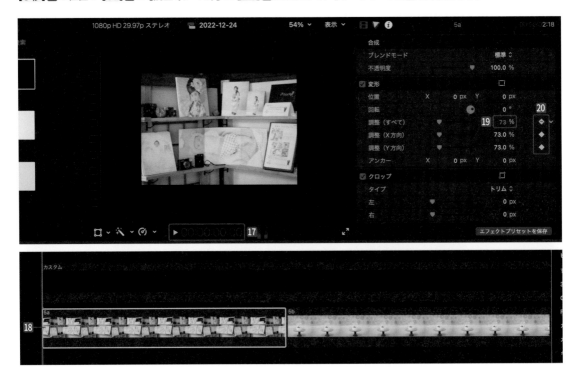

【2秒9フレーム】**21**の位置で【調整（すべて）】を【78】**22**に設定します。

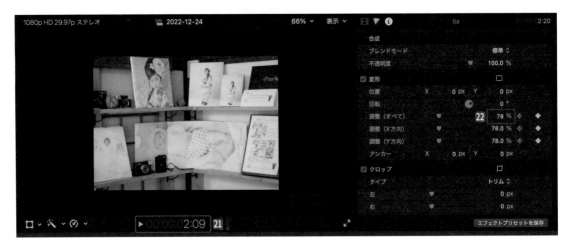

【2秒10フレーム】23の位置で【5b】24の【調整（すべて）】を【84】25に設定して、【キーフレーム】26を作成します。

【4秒23フレーム】27の位置で【調整（すべて）】を【90】28に設定します。

これでインサートは完成です。

【edit】のタイムラインに戻り、再生するとゆっくりズームするアニメーションになります。

⠿ タイトルを挿入する

01　【5秒22フレーム】**1**に【ジェネレータ】の【ペーパー】**2**を
【基本ストーリーライン】に挿入します。
【ペーパー】**3**をクリックして、【ジェネレータインスペクタ】から
【Tint Color】**4**をクリックします。【RGBつまみ】**5**より【8EFA00】
6のカラーに設定します。
【Tint Amount】を【1】**7**に設定して、クリップを**4秒**にします。

TIPS　クリップの継続時間

クリップを右クリックしてコンテクストメニューから【継続時間を変更】を選択し、数値
を入力すると変更できます。この場合は、【400】を入力して return キーを押します。

【ペーパー】の上に【ブラウザ】から
【6a】〜【6f】を図のように配置❽し
ます。

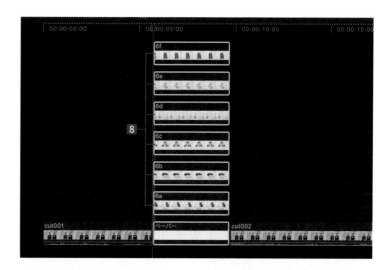

【ペーパー】と【6a】〜【6f】を選択し
て、【新規複合クリップ】❾（ option
＋ G キー）を選択します。
【複合クリップ名】を【t001】❿と入
力します。

【t001】クリップをダブルクリックし
て、タイムラインを開きます。

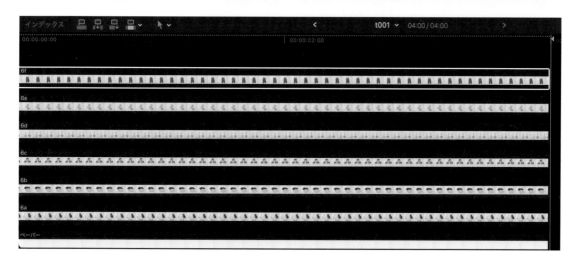

257

クリップを以下のように設定します。

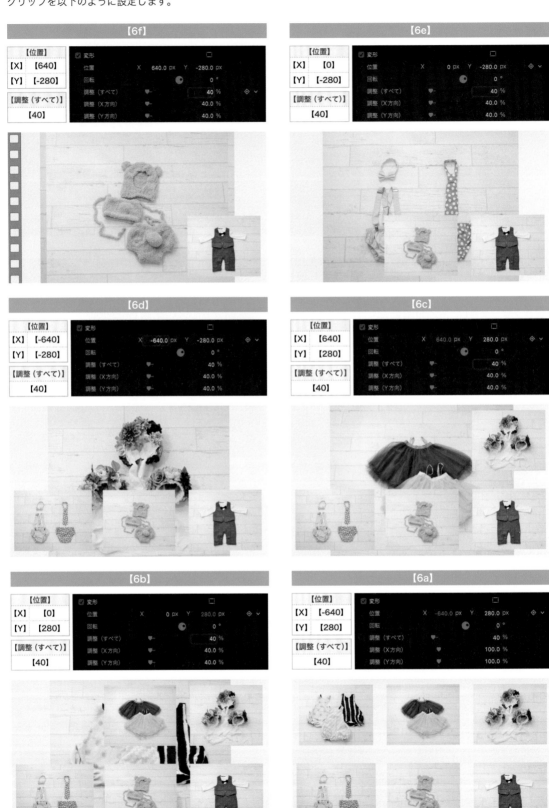

タイムライン上部にある◀アイコンをクリックすると、【edit】のタイムラインに戻ります。

【ブラウザ】から【logo】を【t001】の上に配置して、4秒の長さに設定⓫します。
【logo】クリップをクリックして、【位置】の【X】を【-592.0】⓬、【調整（すべて）】を【10】⓭に設定します。

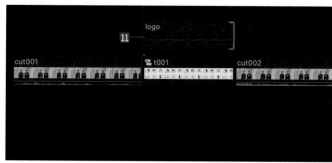

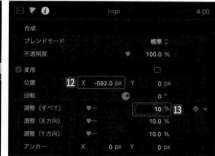

【テキスト】の【カスタム】⓮を【logo】の上に配置⓯して、【写真館をやろうと思ったきっかけは？】と入力します。
【テキストインスペクタ】⓰の【フェース】にある【カラー】⓱を【424242】⓲に設定します。

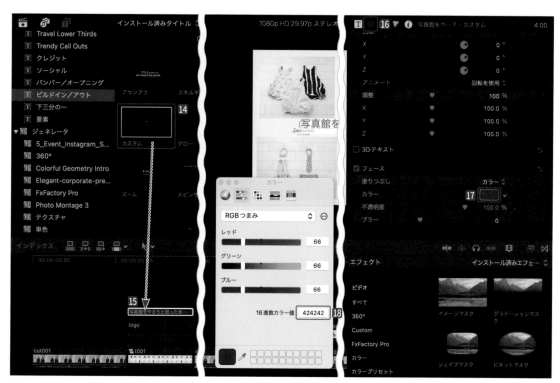

【フォント】を【ヒラギノ丸ゴ ProN】の【W4】⓳、【サイズ】を【65】⓴に設定します。

【ビデオインスペクタ】㉑から【位置】の【X】は【63.0】、【Y】は【-26.0】に設定㉒します。

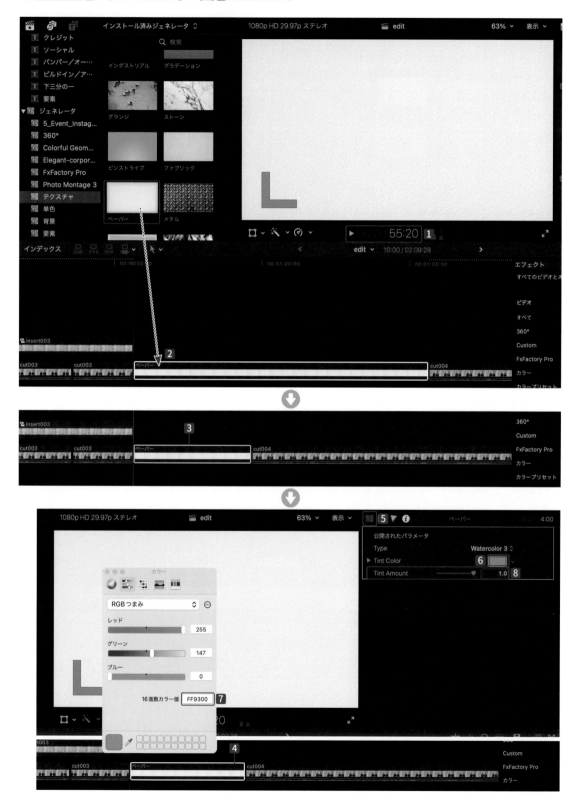

02　【55秒20フレーム】**1**に【ペーパー】を【基本ストーリーライン】に挿入**2**して、4秒に設定**3**します。
　　【ペーパー】**4**をクリックして、【ジェネレータインスペクタ】**5**から【Tint Color】**6**をクリックします。カラー
を【FF9300】**7**、【Tint Amount】を【1】**8**に設定します。

【ブラウザ】から【ペーパー】の上に、【7】**9**と【ジェネレータ】の【カスタム】**10**を配置します。4秒に縮めます。

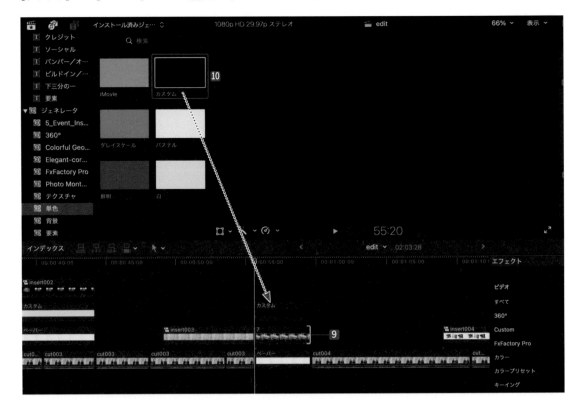

【7】と【カスタム】**11**を選択して、【新規複合クリップ】**12**（ option ＋ G キー）を選択します。
【複合クリップ名】を【t002】**13**と入力します。

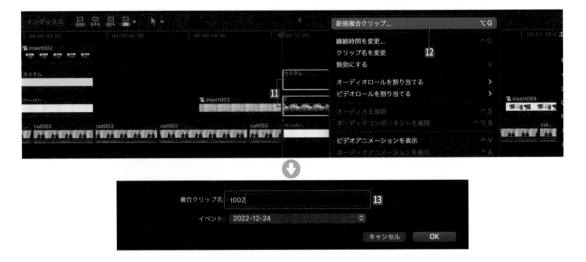

【t002】クリップをダブルクリックして、タイムラインを開きます。

【カスタム】⓮をクリックして V キーを押して、非表示にします。

【7】⓯の【位置】を【X】は【-430.0】、【Y】は【-19.0】⓰、【調整（すべて）】を【58】⓱に設定します。

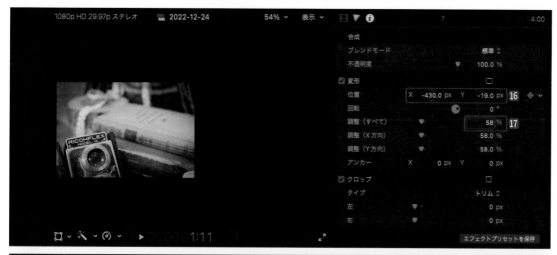

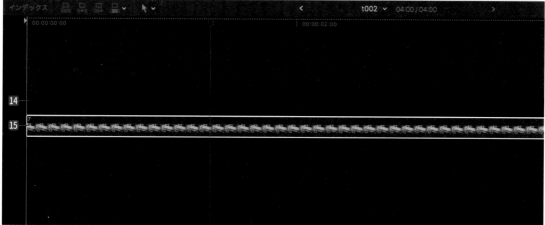

【カスタム】⓲クリップを選択して V キーを押して再表示し、【ステンシルアルファ】⓳に設定します。

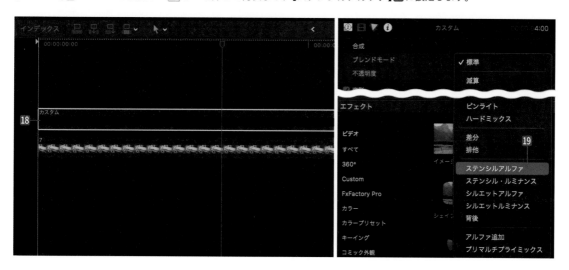

【カスタム】20の【クロップ】を上から【46.0】、【989.0】、【234.0】、【200.0】に設定21します。

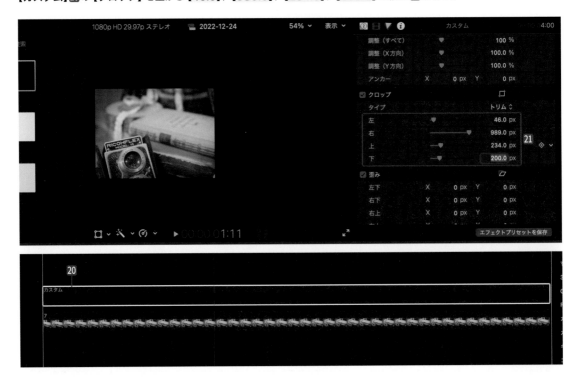

【0秒】22の位置で【7】23の【調整（すべて）】に【キーフレーム】24を作成します。

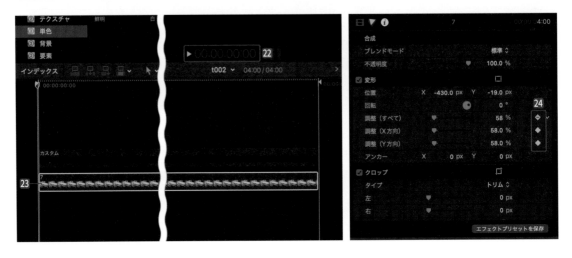

【3秒29フレーム】25の位置で【調整（すべて）】を【62】26に設定します。ゆっくりズームします。

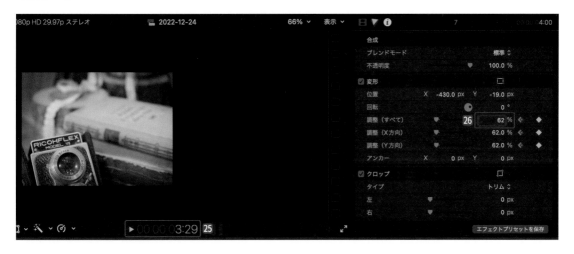

タイムライン上部にある◀アイコンをクリックすると、【edit】のタイムラインに戻ります。

【ブラウザ】から【logo】27を【t002】の上に配置します。4秒の長さにします。
【logo】28クリップをクリックして、【位置】の【X】は【474.0】、【Y】は【104.0】29、【調整（すべて）】を【12】30に設定します。

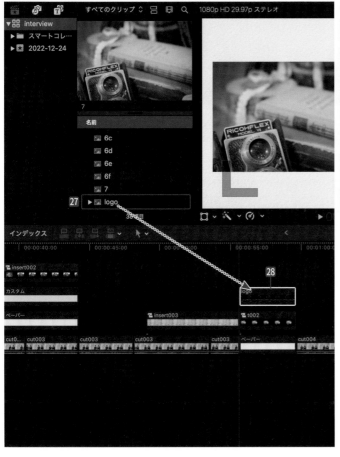

【5秒22フレーム】**31**のテキストをコピーします。

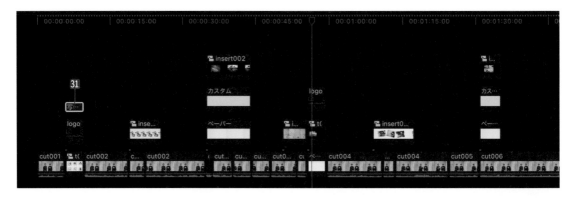

【55秒20フレーム】**32**の位置でペースト**33**します。

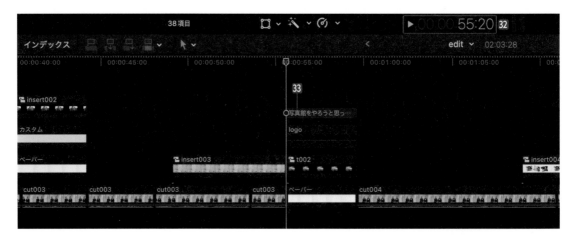

ペーストしたテキストをダブルクリックして、【どんな写真館になりたいですか？】**34**とテキストを変更します。
【ビデオインスペクタ】**35**から【位置】の【X】は【477.0】、【Y】は【-56.0】に設定**36**します。

03 【55秒20フレーム】の【ペーパー】**1**をコピーします。
【1分24秒17フレーム】にペースト**2**します。

【ブラウザ】から【1分24秒17フレーム】の
【ペーパー】の上に【8】と【ジェネレータ】の【カ
スタム】を配置**3**します。
4秒に縮めます。

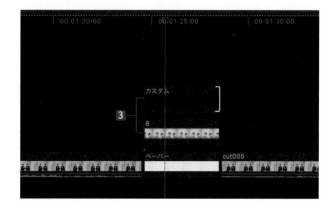

【8】と【カスタム】4 を選択して、【新規複合クリップ】5（ option ＋ G キー）を選択します。
【複合クリップ名】を【t003】6 と入力します。

【t003】クリップをダブルクリックして、タイムラインを開きます。
【カスタム】7 をクリックして V キーを押し、非表示にします。
【8】8 の【位置】を【X】は【-465.0】、【Y】は【84.0】9、【調整（すべて）】を【91】10 に設定します。

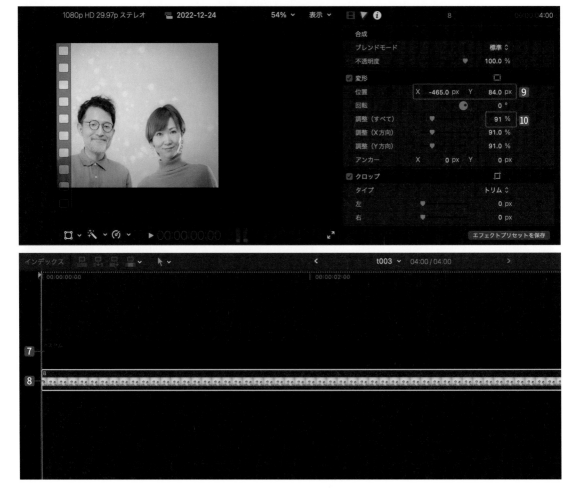

【カスタム】⓫クリップを選択して V キーを押して再表示し、【ステンシルアルファ】⓬に設定します。

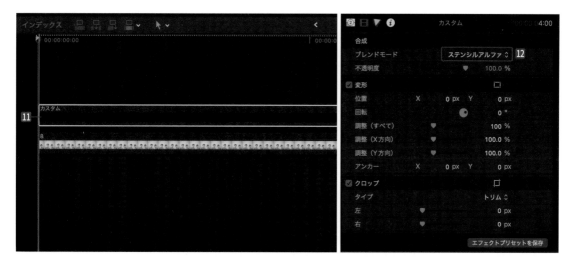

【カスタム】⓭の【クロップ】を上から【46.0】、【970.0】、【235.0】、【200.0】⓮に設定します。

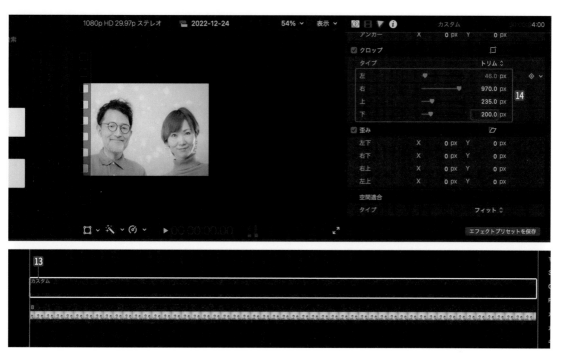

【0秒】15の位置で【8】16の【位置】と【調整（すべて）】に【キーフレーム】17を作成します。

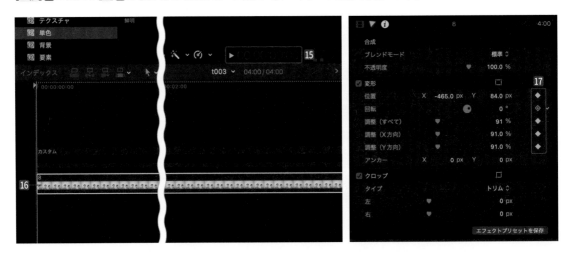

【3秒29フレーム】18の位置で【位置】の【Y】は【118.3】19、【調整（すべて）】を【104】20に設定します。

タイムライン上部にある◀アイコンをクリックすると、【edit】のタイムラインに戻ります。

【55秒20フレーム】のテキストと【logo】21をコピーします。

【1分24秒17フレーム】の位置でペースト22します。

ペーストしたテキストをダブルクリックして、【二人にとって写真館とは？】23とテキストを変更します。

ロゴを配置する

【ブラウザ】から【logo】クリップ **1** を一番上に全体尺で配置します。

【位置】の【X】は【-812.0】、【Y】は【427.0】**2**、【調整（すべて）】を【15】**3** に設定します。左上に配置されます。

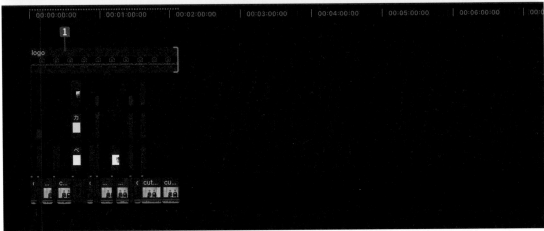

さきほど挿入したテキストの部分だけ、【logo】クリップを削除 4 5 6 します。

【写真館をやろうと思ったきっかけは？】の部分

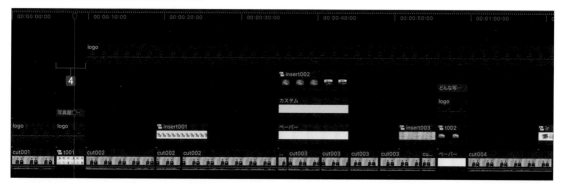

【どんな写真館になりたいですか？】の部分

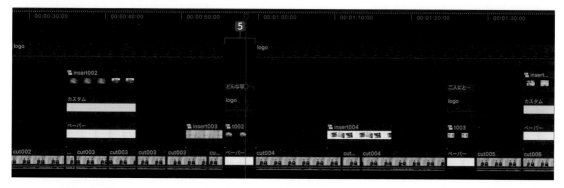

【二人にとって写真館とは？】の部分

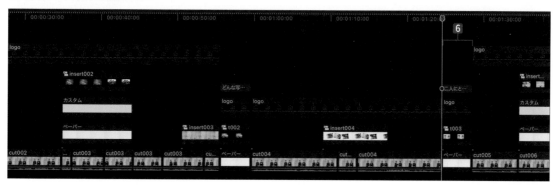

撮影したクリップの構図を変更する

インタビュー撮影は引きの2ショットで構成されていますが、4Kで撮影しているので、2倍まではそれほど荒れずに拡大できます。

【9秒22フレーム】の【cut002】❶クリップを選択して、【位置】の【X】は【-61.3】、【Y】は【-128.6】❷、【調整（すべて）】を【158】❸に設定します。

拡大した【cut002】❹をコピーします。

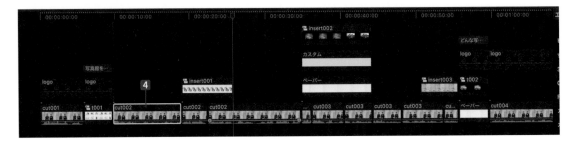

【22秒13フレーム】の【cut002】**5**をクリックして、command + shift + V キーでパラメータをペーストします。【位置】**6**と【調整】**7**にチェックしてペースト**8**すると、同じように拡大します。

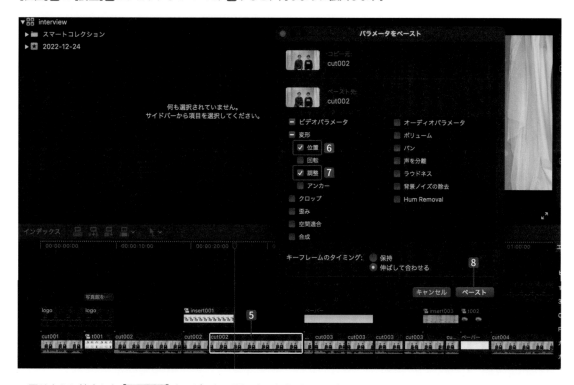

同じように拡大した【cut002】をコピーし、下のカットもパラメータをペーストします。

これで映像は完成です。

【44秒7フレーム】の【cut003】
【1分13秒17フレーム】の【cut004】
【1分28秒17フレーム】の【cut005】
【1分52秒19フレーム】の【cut007】

TIPS　サイズを変更した理由

カット編集で同じサイズのまま切り替えると不自然さが出るので、サイズを変更してカットを切り替え、自然でスムーズなインタビュー動画に仕上げています。

声を際立たせる

最初の【cut001】クリップ**1**を選択して、【オーディオインスペクタ】**2**をクリックします。
【ボリューム】を【8】**3**、【声を分離】**4**をオンにして【61】**5**に設定します。
また、【ラウドネス】**6**をオンにして、【量】を【25】、【均一性】を【18】**7**に設定します。
これで、聞きやすくなります。

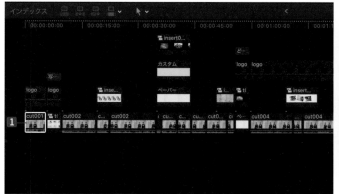

このクリップ⑧をコピーします。

撮影素材すべてを選択して、command + shift + V キーでパラメータをペーストします。
【ボリューム】⑨と【声を分離】⑩、【ラウドネス】⑪にチェックしてペースト⑫すると、同様に聞きやすくなります。

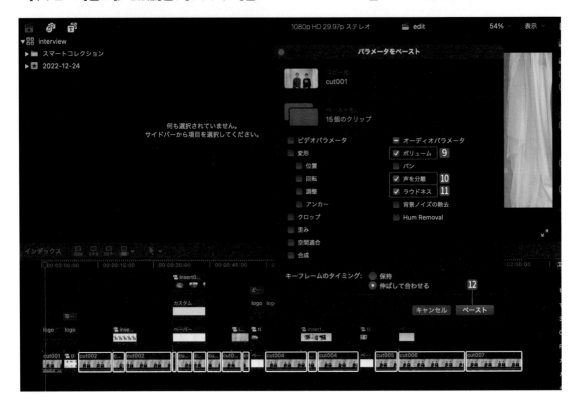

これで完成です。

完成動画 4-2

ダンス動画の作り方

Section 4

2

ここでは、タップダンサーが3つの衣装に着替えて、同じアングル・構図で撮影します。そして、リズムカルに服装やタップシューズが切り替わっていくカット編集を用いて、アート動画を作っていきます。MVなどで使える気持ち良いカットのつなぎ方を学びましょう。

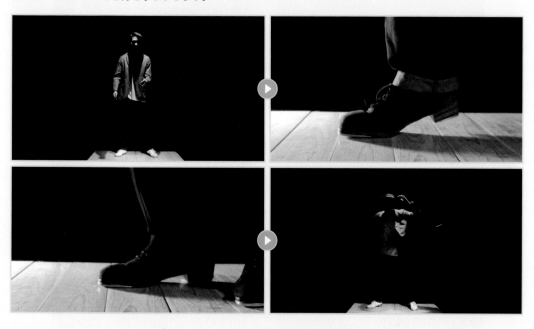

▓ 撮影素材について

ここでは3つの衣装に着替えて、同じリズムでタップダンスを踊るシーンを撮影しています。
全身以外にも足元、上半身など撮影しています。

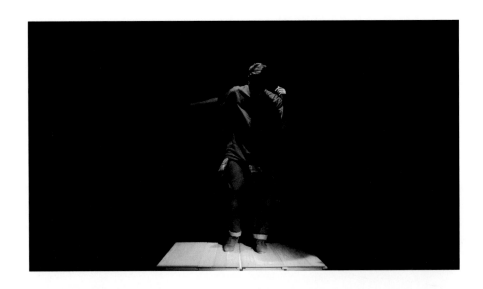

∷ 新規ライブラリを作成する

　【ファイル】メニューの【新規】から
【ライブラリ】を選択します。
　ダイアログボックスで保存先を指定
して【名前】を【tap】**1**とし、【保存】
ボタン**2**をクリックします。

:: メディアの読み込み

【ファイル】メニューの【読み込む】から【メディア】（ command ＋ I キー）を選択します。

【メディアの読み込み】ダイアログボックスで【tap】フォルダの【source】から shift キーを押しながら【cut○○】と付いたファイル14個と【tap.wav】①を選択して、【すべてを読み込む】②ボタンをクリックします。

:: 新規プロジェクトの作成

【ファイル】メニューの【新規】から【プロジェクト】（ command ＋ N キー）を選択します。

【プロジェクト名】を【edit】①に設定します。

ここでは、横型のプロジェクトを作成します。

その他は図のように設定して、【OK】ボタン②をクリックします。

∷ プロキシメディアを作成する

4Kサイズ（3840×2160サイズ）の動画を14個リアルタイムで流しながら編集すると、再生されない場合があるので、画質を落としたプロキシメディアを先に作成します。これは、最終的にきれいな画質に戻ります。

【ブラウザ】で読み込んだ【tap.wav】以外の【cut○○】**1**と付いたファイルをすべて選択して右クリックし**2**、コンテクストメニューから【メディアをトランスコード】**3**を選択します。

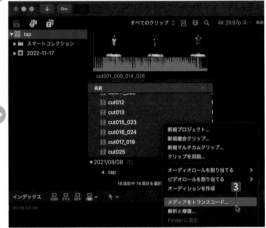

【プロキシメディアを作成】**4**にチェックして【H.264】の【12.5%】**5**を選択し、【OK】ボタン**6**をクリックすると書き出しが始まります。

しばらく時間がかかりますが、進捗は【バックグラウンドタスク】ウインドウ**7**で確認できます。

書き出しが終わったら、【イベントビューア】の【表示】**8**の【プロキシのみ】を選択するとプロキシで再生されます。
【イベントビューア】に【プロキシ】**9**と表示されます。

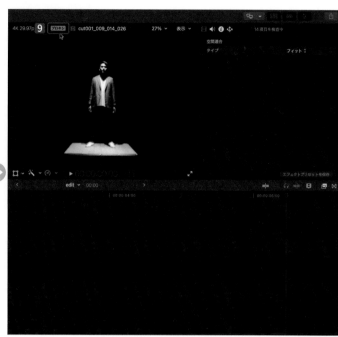

⠿ マルチクリップシーケンスを作成する

【ブラウザ】で【cut○○】と付いた14個の
ファイル**1**を選択し、右クリックしてコンテク
ストメニューから【新規マルチカムクリップ】**2**
を選択します。

【マルチカムクリップ】ダイアログボックスが
表示されるので、【マルチカムクリップ名】を【マ
ルチ】**3**と入力します。
【同期にオーディオを使用】**4**をチェックして、
【カスタム設定を使用】**5**をクリックします。

【ビデオ】を【1080p HD】**6** に設定して【OK】
ボタン**7**をクリックすると、マルチカムクリッ
プ（マルチクリップ）が生成されます**8**。

【ブラウザ】に生成された【マルチ】クリップ**9**を【edit】のタイムラインに配置**10**します。

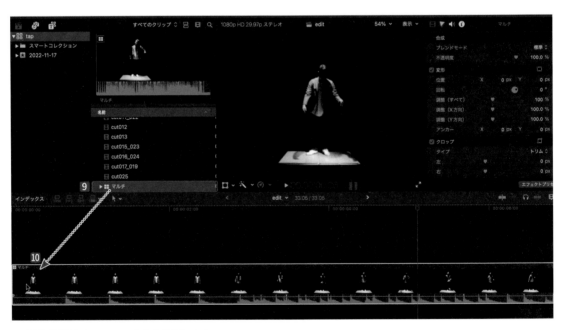

今回は調整しないで、このまま使用します。

TIPS 【マルチ】クリップ内の調整

【マルチ】クリップ**1**をダブルクリックすると、【マルチ】クリップのタイムラインが展開**2**されます。
今回はオーディオで同期されていますが、ずれている場合は、このタイムライン内で調整します。

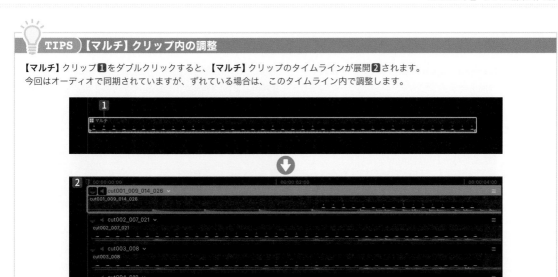

TIPS クリップの表示を変更する

【ツール】バーの右側にある【タイムライン内のクリップの外観を変更します】**1**をクリックすると、クリップの高さや波形などの表示の有無が選択できます。
ここでは、14個の同期されたクリップを見やすくするために、高さを低く調整しています。

:: マルチクリップ編集

　【イベントビューア】の【表示】**1**から【アングル】**2**を
選択します。

　【アングル】の【ビューア】**3**が表示されますが、表示が
小さいので、【ウインドウ】メニューの【ワークスペース
に表示】から【サイドバー】（ command ＋ ' キー）／【ブ
ラウザ】（ control ＋ command ＋ 1 キー）／【インスペ
クタ】（ command ＋ 4 キー）**4**を選んで非表示にする
と、見やすくなります。

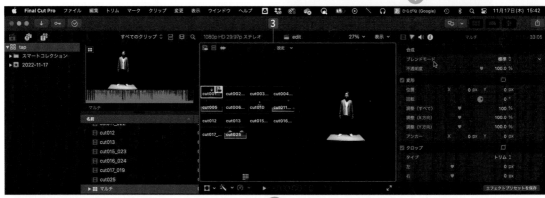

再生しながら切り替えたいタイミングで【アングルビューア】からクリップを選択**5**していくと、自動的にクリップがカットされていきます。

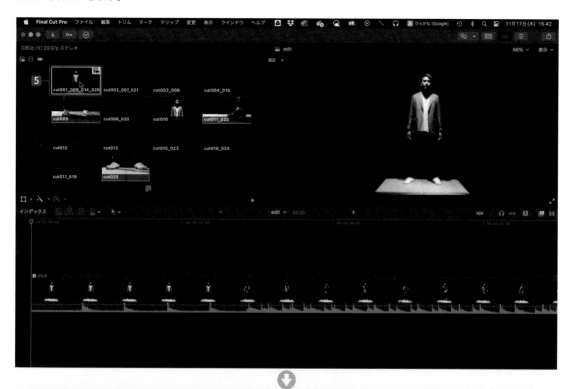

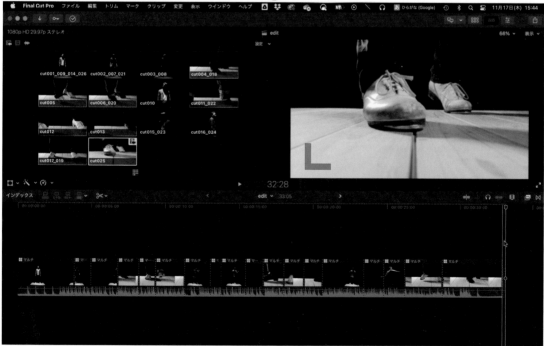

TIPS　操作の取り消し

1つ前の操作に戻るときは、 command ＋ Z キーを押します。

285

しかし、今回は細かい動きが多いので、タイムコードを見ながら1つずつクリップを切り替えていきます。

【0秒】の位置で【cut001_009_014_026.mp4】**6**を選択します。

最初の素の部分が必要ないので、【1秒29フレーム】**7**に移動してカットします。カットした左の部分は、まだ削除しないでください。

最初のグレーのジャケット姿で踊り始めた【3秒26フレーム】**8**に移動して、【アングルビューア】から【cut002_007_021.mp4】**9**を選択すると、赤い服装に切り替わります。

切り替えが気持ち良く見えるように、できるだけ体のフォルムが近い部分を選択しています。

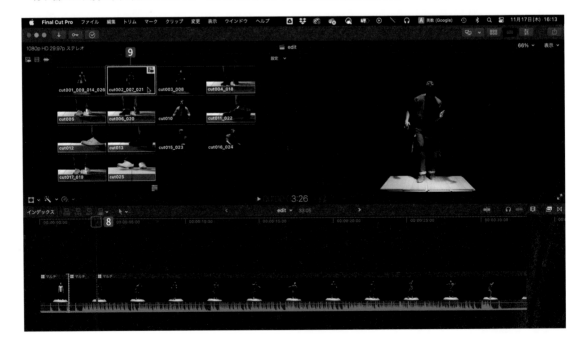

⑩【4秒22フレーム】に移動して、【cut003_008.mp4】を選択すると、黒いスーツ姿に切り替わります。

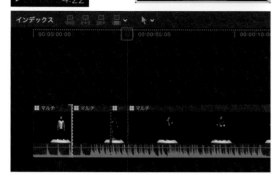

⑪【6秒】に移動して【cut004_018.mp4】を選択すると、黒い革靴のタップシューズの足元に切り替わります。

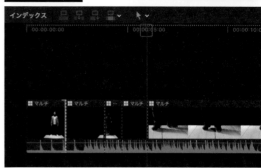

⑫【6秒14フレーム】に移動して、【cut005.mp4】を選択すると、白いタップシューズの足元に切り替わります。

⑬【7秒3フレーム】に移動して、【cut006_020.mp4】を選択すると、ブーツのタップシューズの足元に切り替わります。

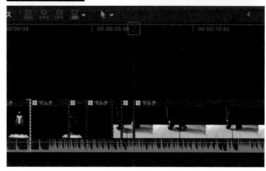

⑭【8秒9フレーム】に移動して、【cut002_007_021.mp4】を選択すると、赤い服の全身姿に切り替わります。

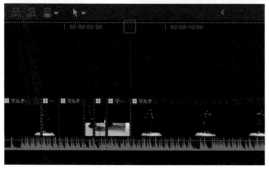

⑮【9秒22フレーム】に移動して、【cut003_008.mp4】を選択すると、黒スーツに切り替わります。

16 【10秒18フレーム】に移動して、【cut001_009_014_026.mp4】を選択すると、グレーのジャケットに切り替わります。

17 【11秒18フレーム】に移動して、【cut010.mp4】を選択すると、グレージャケットで指を鳴らすクリップに切り替わります。

18 【11秒27フレーム】に移動して、【cut011_022.mp4】を選択すると、ブーツの足元で右へスライドするクリップに切り替わります。

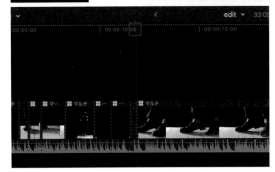

19 【14秒6フレーム】に移動して、【cut012.mp4】を選択すると、白い靴の足元で右へスライドするクリップに切り替わります。

20 【16秒5フレーム】に移動して、【cut013.mp4】を選択すると、革靴の足元で右へスライドするクリップに切り替わります。

21 【18秒12フレーム】に移動して、【cut001_009_014_026.mp4】を選択すると、グレージャケットのクリップに切り替わります。

22 【19秒15フレーム】に移動して、【cut015_023.mp4】を選択すると、スーツ姿の上半身のクリップに切り替わります。

23 【19秒27フレーム】に移動して、【cut016_024.mp4】を選択すると、赤い服の上半身のクリップに切り替わります。

24 【20秒6フレーム】に移動して、【cut017_019.mp4】を選択すると、白い靴のアップに切り替わります。

25 【20秒21フレーム】に移動して、【cut004_018.mp4】を選択すると、黒い靴のアップに切り替わります。

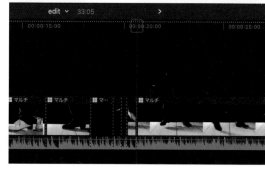

26 【22秒11フレーム】に移動して、【cut017_019.mp4】を選択すると、白い靴のアップに切り替わります。

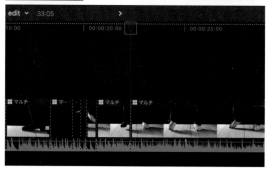

27 【22秒26フレーム】に移動して、【cut006_020.mp4】を選択すると、茶色い靴のアップに切り替わります。

28 【24秒23フレーム】に移動して、【cut002_007_021.mp4】を選択すると、赤い服のクリップに切り替わります。

29 【25秒14フレーム】に移動して、【cut011_022.mp4】を選択すると、茶色い靴のアップに切り替わります。

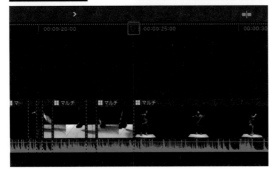

30 【26秒14フレーム】に移動して、【cut015_023.mp4】を選択すると、スーツ姿の上半身のクリップに切り替わります。

31 【27秒7フレーム】に移動して、【cut016_024.mp4】を選択すると、赤い服の上半身のクリップに切り替わります。

32 【28秒6フレーム】に移動して、【cut025.mp4】を選択すると、白い靴のアップに切り替わります。

33 【29秒29フレーム】に移動して、【cut001_009_014_026.mp4】を選択すると、グレージャケットの姿に切り替わります。

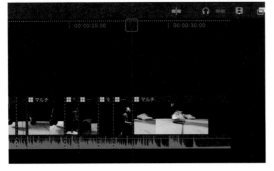

34 【32秒14フレーム】に移動して、【cut001_009_014_026.mp4】のクリップをカットします。

再生すると、リズミカルに服装や靴が切り替わるようになりました。

これで、準備が整いました。ワークスペースを【デフォルト】**35**（command＋0キー）に戻します。

⠿ クリップを調整する

次に、1つひとつのクリップを調整します。

【1秒29フレーム】からのクリップの【ビデオインスペクタ】の【位置】の【Y】を【-8.0】**1**に設定します。
【調整（すべて）】を【106】**2**に設定すると、下のパネルが少し消えます。

💡 **TIPS** 映像の解像度

今回の撮影素材は4K（3840 × 2160）でプロジェクトはHD（1920 × 1080）なので、200%までの拡大は大丈夫です。

調整した【1秒29フレーム】のクリップ**3**を選択して、【編集】メニューから【コピー】**4**（ command ＋ C キー）を選択します。

【3秒26フレーム】・【4秒22フレーム】**5**のクリップをドラッグして選択し、【編集】メニューから【パラメータをペースト】**6**（ Shift ＋ command ＋ V キー）を選択します。

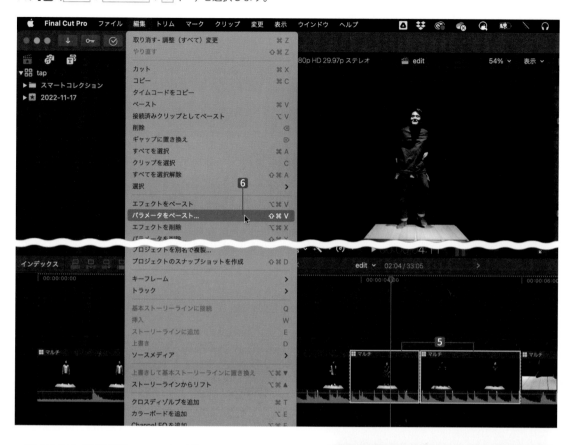

【位置】**7**と【調整】**8**にチェックが付いているのを確認して【ペースト】ボタン**9**をクリックすると、同じパラメータが適用されます。

拡大されて、下のパネルが画面外に少し出ます。

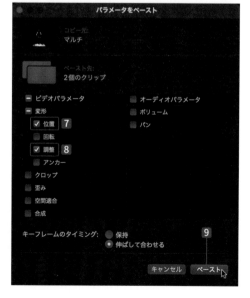

【6秒】10のクリップを選択して、【ビデオインスペクタ】の【位置】の【X】を【281.0】11、【Y】を【-147.0】12に設定
します。

　【調整（すべて）】を【150】13に設定して拡大し、右側に移動します。

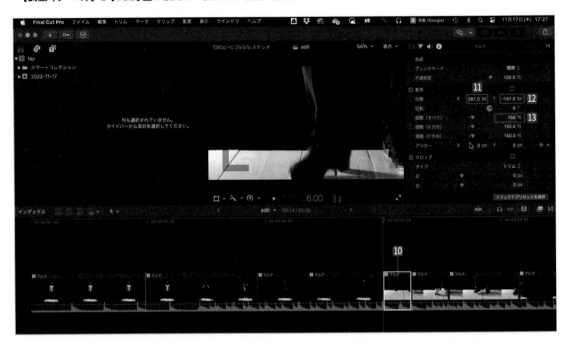

14　このクリップをコピーします。

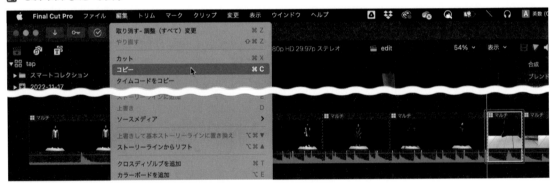

15　【6秒14フレーム】・【7秒3フレーム】のクリップを選択して、【パラメータをペースト】します。

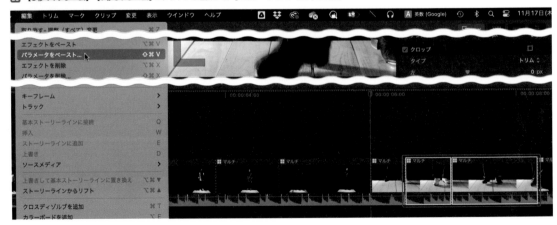

16 【位置】と【調整】にチェックが付いているのを確認して【ペース
ト】ボタンをクリックすると、同じパラメータが適用されます。
同じように足元が拡大します。

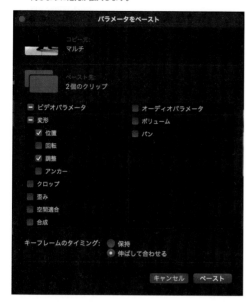

17 【1秒29フレーム】のクリップをコピーします。

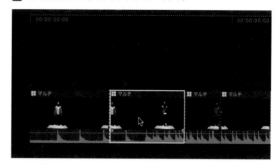

18 【8秒9フレーム】・【9秒22フレーム】・【10秒18フレーム】のクリップ
を選択して、【パラメータをペースト】します。

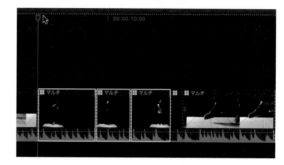

19 【位置】と【調整】にチェックが付いているのを確認して【ペース
ト】ボタンをクリックすると、同じパラメータが適用されます。
拡大されて、下のパネルが画面外に少し出ます。

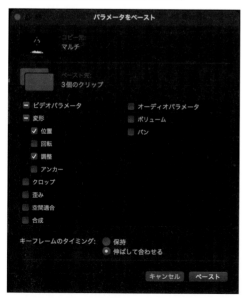

20 【11秒18フレーム】・【11秒27フレーム】・【14秒6フレーム】・【16秒
5フレーム】のクリップは、そのまま使用します。

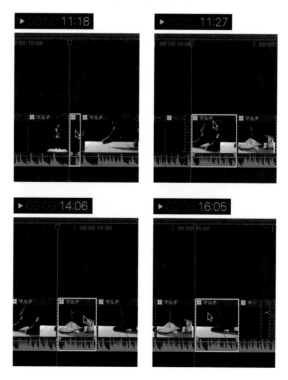

21 【1秒29フレーム】のクリップをコピーします。

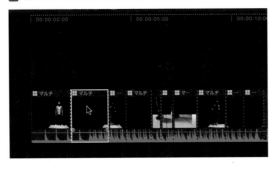

22 【18秒12フレーム】のクリップを選択して、【パラメータをペースト】します。

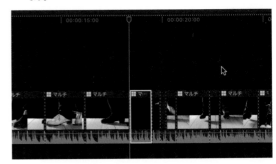

23 【位置】と【調整】にチェックが付いているのを確認して【ペースト】ボタンをクリックすると、同じパラメータが適用されます。
拡大されて、下のパネルが画面外に少し出ます。

24 【19秒15フレーム】・【19秒27フレーム】のクリップは、そのまま使用します。

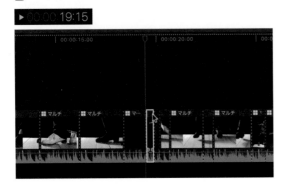

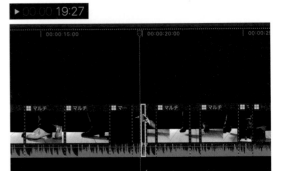

25 【20秒6フレーム】のクリップを選択して、【ビデオインスペクタ】の【位置】の【X】を【130.0】、【Y】を【84.0】、【調整（すべて）】を【200.0】に設定します。
かなりアップのサイズになります。

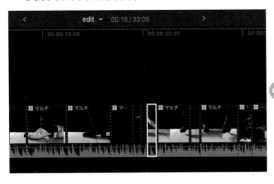

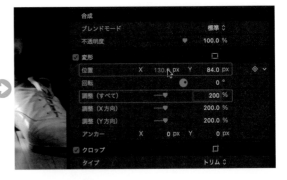

26 【20秒21フレーム】のクリップは、そのまま使用します。

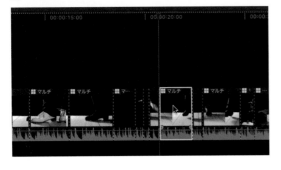

27 【20秒6フレーム】のクリップを選択して、コピーします。

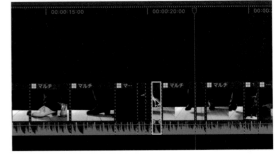

28 【22秒11フレーム】のクリップを選択して、【パラメータをペースト】します。

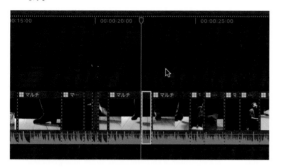

29 【位置】と【調整】にチェックが付いているのを確認して、【ペースト】をクリックします。かなりアップの足元のカットになります。

30 【22秒26フレーム】のクリップは、そのまま使用します。

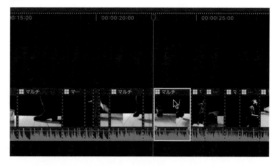

31 【1秒29フレーム】のクリップをコピーします。

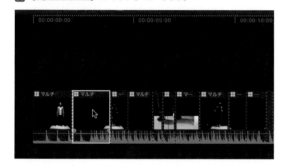

32 【24秒23フレーム】のクリップを選択して、【パラメータをペースト】します。

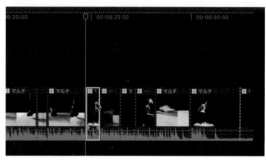

33 【位置】と【調整】にチェックが付いているのを確認して【ペースト】ボタンをクリックすると、同じパラメータが適用されます。
拡大されて下のパネルが、画面外に少し出ます。

34 【25秒14フレーム】・【26秒14フレーム】・【27秒7フレーム】・【28秒6フレーム】のクリップは、そのまま使用します。

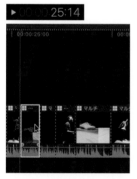 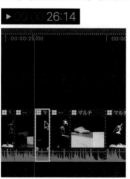  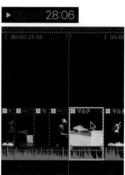

35 【1秒29フレーム】のクリップをコピーします。

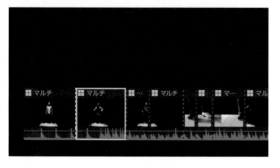

36 【29秒29フレーム】のクリップを選択して、【パラメータをペースト】します。

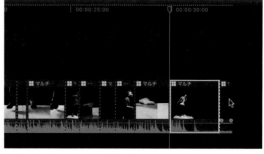

37 【位置】と【調整】にチェックが付いているのを確認して【ペースト】ボタンをクリックすると、同じパラメータが適用されます。
拡大されて下のパネルが、画面外に少し出ます。

これで、それぞれのクリップが調整できました。

Chapter
4

:: 音を付ける

最初のクリップ**1**を選択して、【オーディオインスペクタ】の【ボリューム】**2**を一番左にしてオフにします。

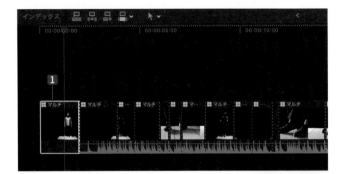

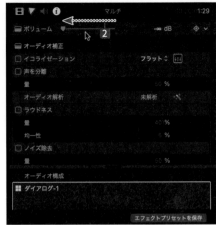

このクリップ**3**をコピーします。

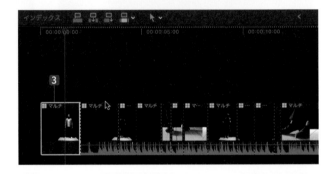

これ以外のクリップ**4**を選択して、【パラメータをペースト】します。【オーディオパラメータ】の【ボリューム】**5**にチェックが付いているか確認して、【ペースト】ボタン**6**をクリックします。

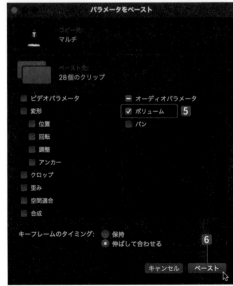

【2秒22フレーム】**7**の位置に移動してブラウザから【tap.wav】**8**を選択し、ドラッグして頭合わせにします**9**。

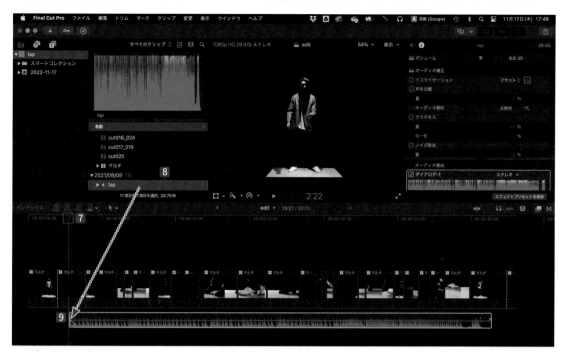

再生すると音がこもっているので、【tap】クリップ**10**を選択して、【オーディオインスペクタ】**11**から【ノイズ除去】**12**
をオフにします。これで、リアルな音になります。

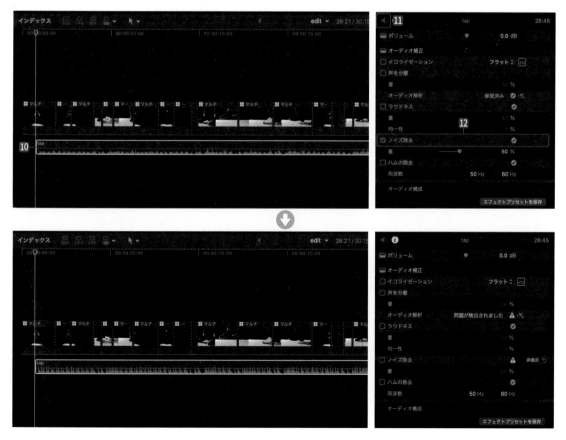

:: 不要なクリップを削除する

最初のクリップ**1**を選択して削除します。

最後のクリップ**2**を選択して削除します。

【6秒10フレーム】〜【9秒19フレーム】のクリップの上にテキストの【カスタム】**3**を配置して、【タップダンサー 橋本拓人】**4**と入力します。

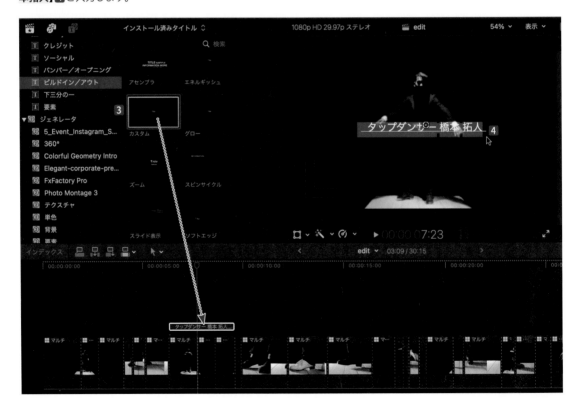

【ヒラギノ角ゴシック】の【W6】**5**、サイズを【50】**6**に
設定して、右下**7**に移動します。

最後に、【ビューア】の【表示】**8**から【最適化/オリジナル】**9**を選択します。

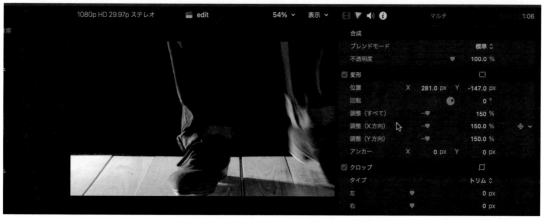

まだ、完成ではありません。次ページではこのプロジェクトを使って、Motionの調整レイヤーによる色補正を行います。

TIPS　Motionで調整レイヤーを作ろう！

ここでは、動画関連のアプリケーション「Motion」を使用して、動画全体の色を一気に変更できる調整レイヤーの作り方を解説します。

アプリケーションを起動する

「アプリケーション」フォルダから【Motion】アイコンをダブルクリックして起動します。
このとき、Final Cut Pro Xのアプリケーションは一旦終了しておいてください。

Final Cut用のプロジェクトを作成する

【Motion】が起動すると、【プロジェクトブラウザ】パネルが表示されます■。
【Final Cutタイトル】をクリックして選択し②、【プリセット】は【放送用 HD 1080】③、【フレームレート】は【29.97 fps - NTSC】④を選択し、【継続時間】は【10;00】に設定します⑤。
その他は図のように設定して⑥、【開く】ボタン⑦をクリックします。

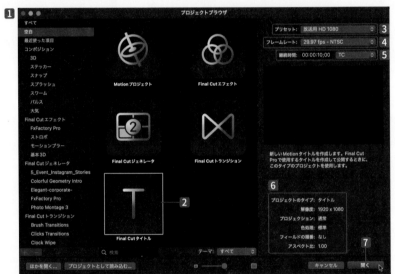

【テキストレイヤー】をクリックして⑧、 delete キーで削除します。

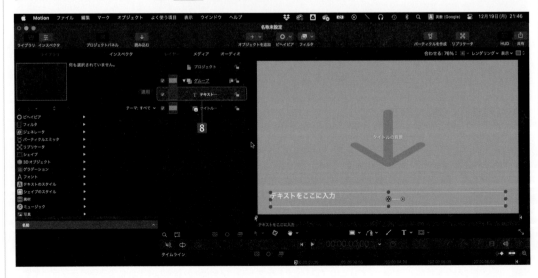

次ページに続く

【ファイル】メニューから【別名で保存】⑨（ shift ＋
command ＋ S キー）を選択します。

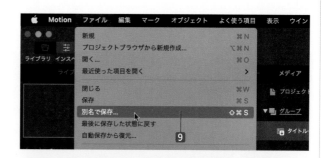

【テンプレート名】は【調整レイヤー】と入力して、【カ
テゴリ】から【新規カテゴリ】を選択します⑩。

【新規カテゴリの名前】に【BASE】と入力して⑪、【作
成】ボタンをクリックします⑫。

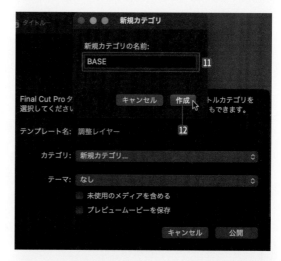

最後に、【公開】ボタンをクリックします⑬。

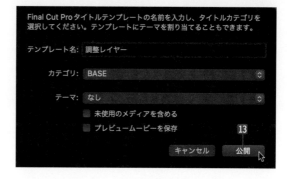

次ページに続く

再度Final Cut Pro Xを起動する

【タイトル】にさきほど作成した【BASE】が表示され■、【調整レイヤー】が用意されています■。

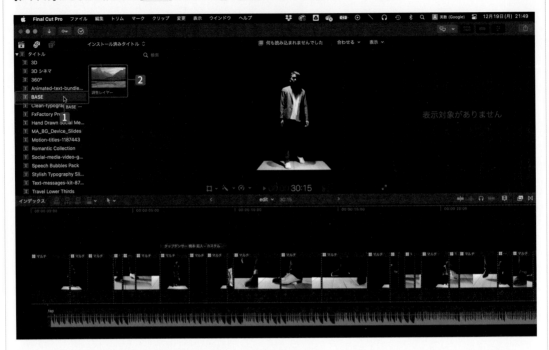

【調整レイヤー】をタイムラインの一番上に配置して■、全体に伸ばします■。

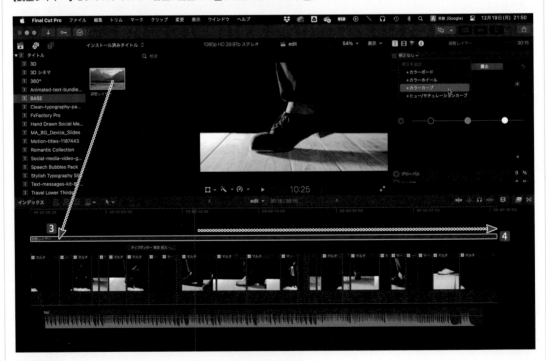

POINT

ここで作成した【調整レイヤー】に色補正をすると、【調整レイヤー】以下のクリップ全体に同じ色補正を適用することができます。今回のようなカット数が多く、同じ場所・同じ条件下で撮影した素材には非常に有効です。

次ページに続く

【調整レイヤー】**5**を選択して【カラーインスペクタ】**6**から【カラーカーブ】**7**を追加し、図のようなカーブに設定します**8**。
暗いところはより暗く、明るいところはより明るくなります。

顔をハッキリと見せない、シックなテイストになりました。

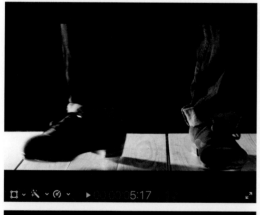

次ページに続く

さらに、【カラーホイール】を追加します**9**。

【**グローバル**】の中心にあるポイントを右下方向にドラッグすると**10**、少し青みがかった色合いになります。

これで完成です。

総集編
プロモーション動画を作ろう！

Vlogを作ろう！

ここでは、今まで作った作品を紹介する本書のプロモーション動画を作ります。スマートフォンの中だけに動画を表示させる方法も紹介します。

長い作例になりますが、ぜひ今まで学んだことを駆使して、最後まで作り上げてみてください！

完成動画 5-1

Section 5

1 プロモーション動画の作り方

ここでは今まで学んできたキーフレームアニメーションや合成モード、マスク機能を使って、スマートフォン内の映像を切り替えて、プロモーション動画を作成します。
基本的な操作の復習も兼ねて、ゆっくり作っていきましょう！

:: 新規ライブラリの作成

【ファイル】メニューの【新規】から【ライブラリ】**1**を選択します。

保存する先を選択します。ここではHDD内の【promotion】**2**を選択します。
【名前】を【promotion】**3**とし、【保存】ボタン**4**をクリックします。

メディアの読み込み

　【ファイル】メニューの【読み込む】から【メ
ディア】**1**（ command ＋ I キー）を選択しま
す。

　【メディアの読み込み】ダイアログボックスで【promotion】フォルダにある【source】から【cut001.mp4】〜
【cut010.mp4】、【book.jpg】、【smartphone.png】、【YOUGOOD_logo.PNG】を shift キーを押しながら選択**2**
して、【選択した項目を読み込む】ボタン**3**をクリックします。

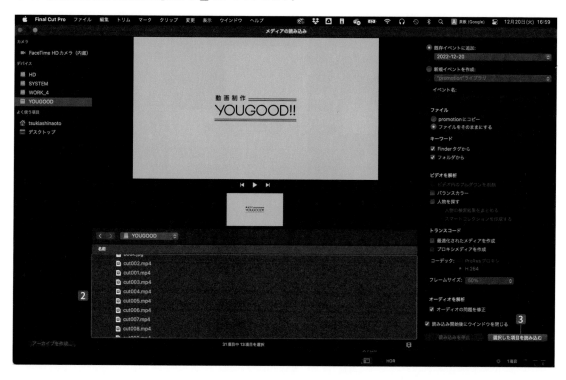

新規プロジェクトの作成

　【ファイル】メニューの【新規】から【プロジェ
クト】**1**（ command ＋ N キー）を選択します。

【プロジェクト名】を【edit】**2**に設定します。
【ビデオ】は【1080p HD】**3**を選択します。
その他は図のように設定して、【OK】ボタン**4**
をクリックします。

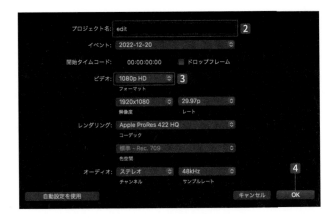

:: クリップを並べる

【ジェネレータ】の【カスタム】**1**を配置します。【カラー】**2**は【ホワイト】**3**に設定します。

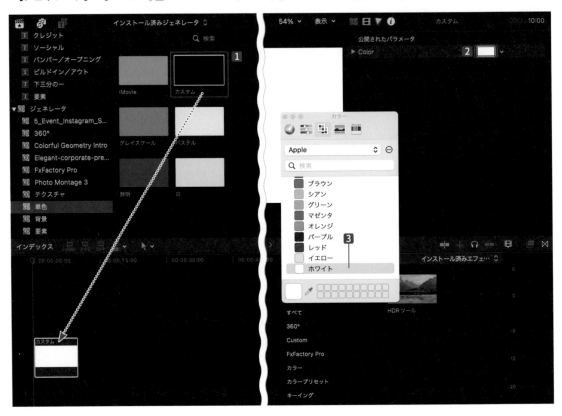

【30秒】まで伸ばします**4**。

【ブラウザ】から【smartphone】クリップ**5**をドラッグして、【カスタム】クリップの上に配置します**6**。

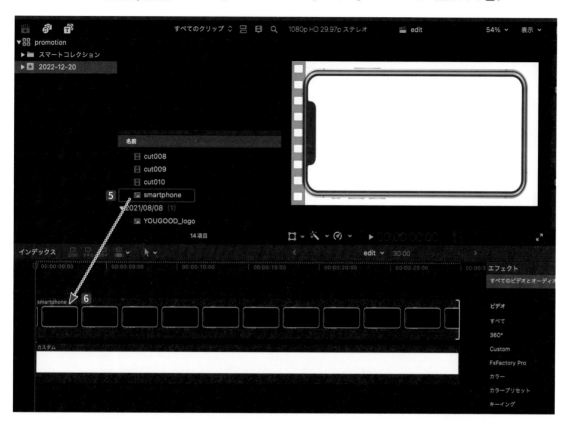

【ブラウザ】から【YOUGOOD_logo】クリップ**7**をドラッグして、【カスタム】と【smartphone】クリップの間に配置します**8**。

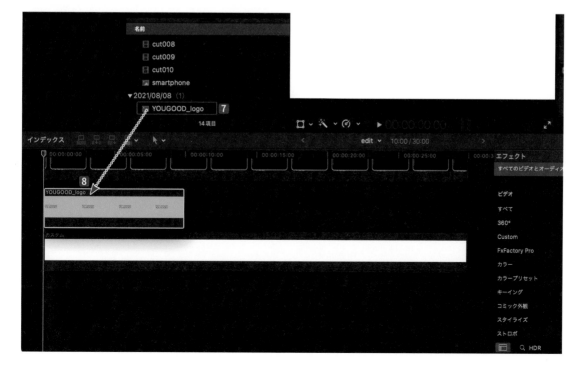

【YOUGOOD_logo】クリップの長さを【2秒10フレーム】に設定します**9**。

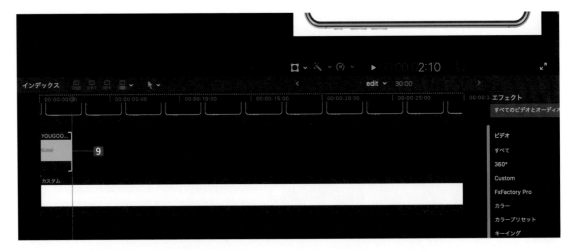

その後ろに、【cut001】から【cut010】を順番につなげて配置します**10**。

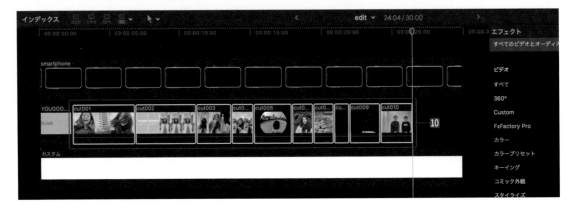

【ジェネレータ】の【単色】**11**から【白】**12**をドラッグして、図のように配置します。
飛び出た部分は、カットして削除します。

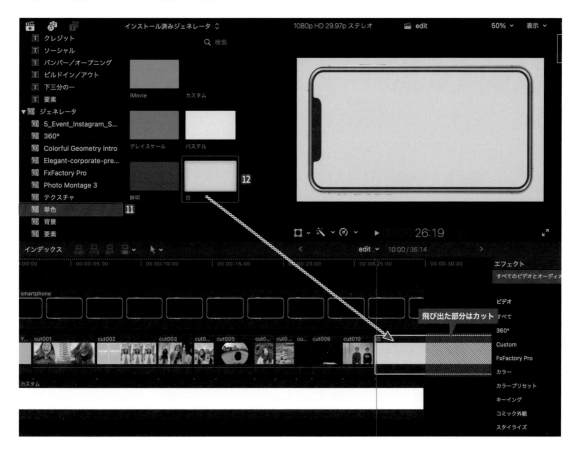

【白】クリップを選択して、【ジェネレータインスペクタ】**13**をクリックして、【Color】を【Cream】**14**に設定します。

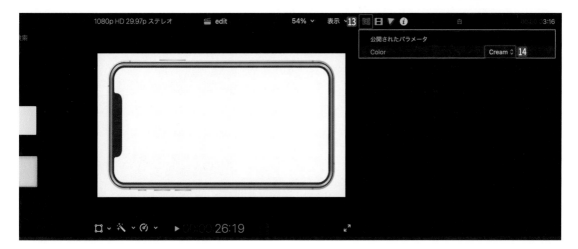

【ブラウザ】から【book】クリップ15をドラッグして、【白】クリップの上に配置16します。
飛び出た部分はカットします。

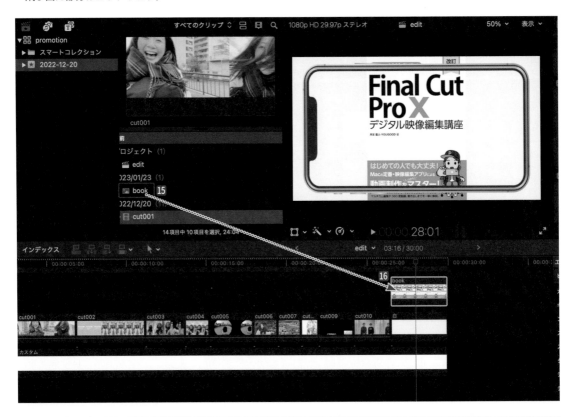

:: クリップを調整する

【smartphone】クリップ1を選択して、【ビデオインスペクタ】2から【調整（すべて）】を【65】3に設定します。

【YOUGOOD_logo】クリップ❹を選択して、【ビデオインスペクタ】❺から【調整（すべて）】を【67】❻に設定します。

【cut001】クリップ❼を選択して、【ビデオインスペクタ】❽から【調整（すべて）】を【58】❾に設定します。
【位置】の【Y】を【-19.1】❿に設定します。

【cut002】クリップ**11**を選択して、【ビデオインスペクタ】**12**から【回転】を【90】**13**に設定します。
【調整（すべて）】を【90】**14**に設定すると、少し上下に隙間が生じます。

【cut002】クリップの下に【ジェネレータ】の【カスタム】**15**を配置します。【ビデオインスペクタ】**16**から【クロップ】
の【左】は【392.0】、【右】は【397.0】、【上】は【232.0】、【下】は【233.0】に設定**17**します。

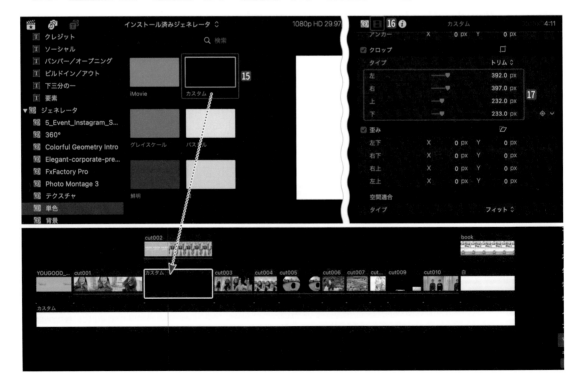

【カスタム】クリップの【Color】**18** を【ホワイト】**19** に設定すると、隙間が白で埋まります **20**。

【15秒7フレーム】まで【カスタム】クリップを伸ばします **21**。

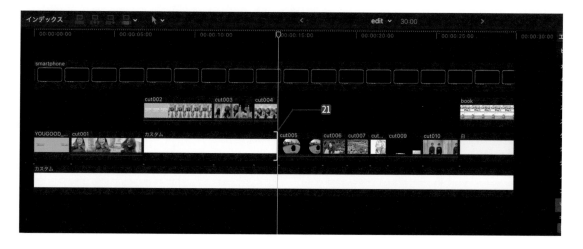

317

【cut002】**22**をコピーします。【cut003】と【cut004】を選択**23**して、command + shift + V キーで【パラメータをペースト】します。【回転】と【調整】にチェックを入れて**24**、【ペースト】ボタン**25**をクリックします。

同様に、スマートフォン内に表示されます。

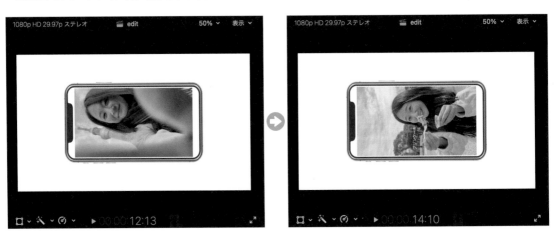

【cut001】26をコピーします。

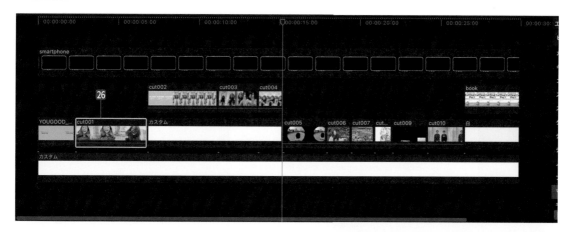

【cut005】～【cut010】クリップを選択27して、【パラメータをペースト】（ command + shift + V キー）します。

【位置】と【調整】にチェックを入れて28、【ペースト】ボタン29をクリックします。

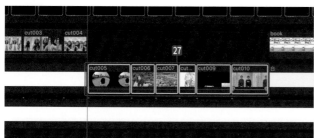

【cut006】30の【位置】にある【Y】を【10.2】31に設定します。

【cut009】**32**の【位置】にある【Y】を【15.9】**33**に設定します。

【cut010】**34**の【位置】にある【Y】を【16.7】**35**に設定します。

【cut010】**36**をコピーします。【白】**37**に【パラメータをペースト】（⌘ command ＋ shift ＋ V キー）します。
【位置】と【調整】にチェックを入れて**38**、【ペースト】ボタン**39**をクリックします。

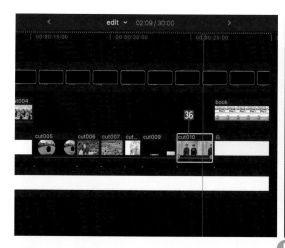

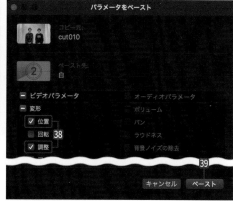

　　【book】**40**を選択して、【位置】の【X】を【-242.7】**41**、【調整
（すべて）】を【43】**42**に設定します。

スマートフォン内だけ映像を表示させる❶

【smartphone】クリップの下に【ジェネレータ】の【カスタム】❶を配置します。
わかりやすいように【カラー】を【レッド】❷に設定します。

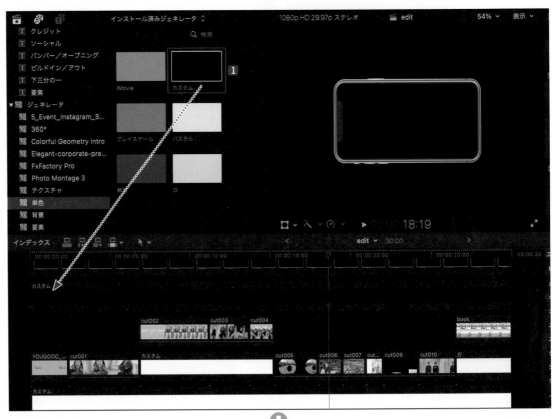

【マスクを描画】**3**エフェクトを赤い【カスタム】に適用**4**します。

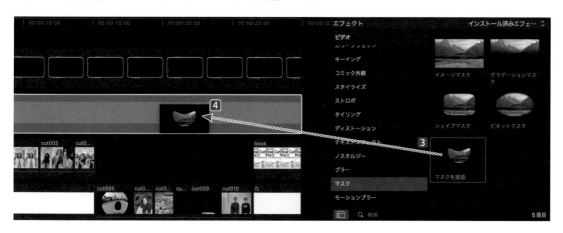

スマートフォンの縁に合わせて、【コントロールポイント】**5**を作成して囲みます。
枠の外に出ないように、拡大しながら作業しましょう。

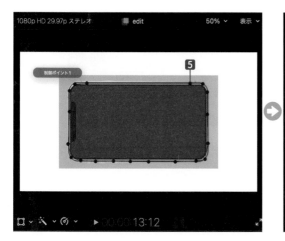

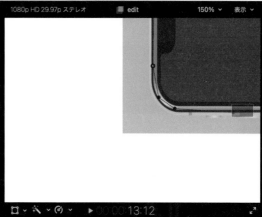

【ビデオインスペクタ】**6**から【合成】の【ブレンド】を【ステンシルアルファ】**7**に設定します。
これで、赤い枠に囲まれた部分だけ表示されます。

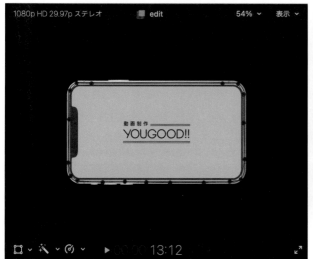

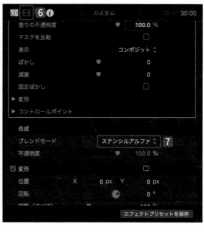

【YOUGOOD_logo】クリップを【2秒16フレーム】まで伸ばします⑧。【cut001】の上⑨に配置します。

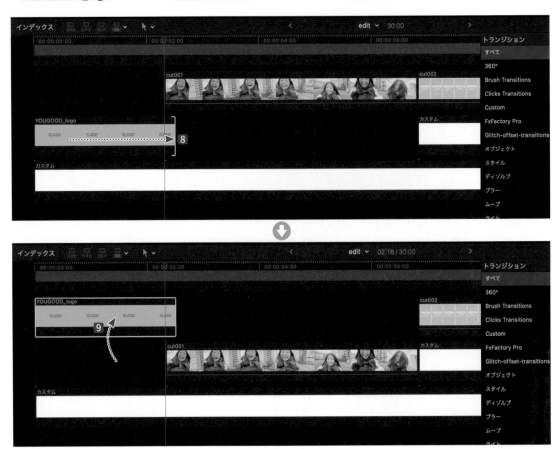

【2秒10フレーム】⑩に移動し、【YOUGOOD_logo】クリップ⑪の【位置】に【キーフレーム】⑫を作成します。

【2秒15フレーム】⓭に移動し、【位置】の【X】を【-1190.0】⓮に設定します。

【cut001】⓯を選択し、【2秒15フレーム】⓰の【位置】に【キーフレーム】⓱を作成します。

【YOUGOOD_logo】クリップ⓲を選択し、右クリックしてコンテクストメニューから【無効にする】⓳（Vキー）を選択すると、非表示になります。

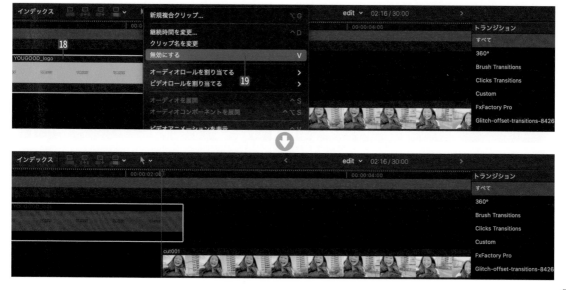

【2秒10フレーム】20に移動し、【cut001】クリップ21の【位置】の【X】を【1098.0】22に設定します。

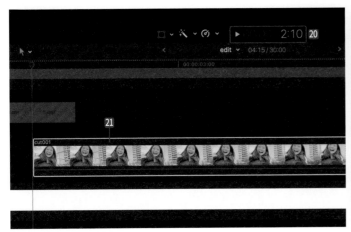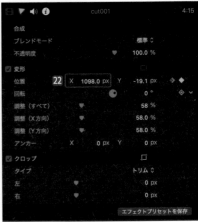

【YOUGOOD_logo】クリップを選択して V キーを押して【有効】にし、表示させます。

再度【YOUGOOD_logo】クリップ23を選択したら、【ビューア】の表示を小さくして【変形】24を押し、【モーションパス】のモーションパスの両端のポイントを右クリックして、コンテクストメニューから【直線状】25 26を選択します。

【直線状】を選択しないと、きれいなスライドになりません。

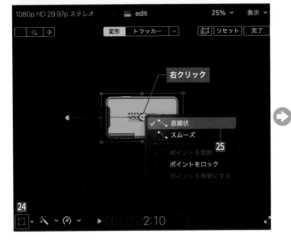

　【cut001】クリップ**27**も同様に、両端のポイントを右クリックしてコンテクストメニューから【**直線状**】**28 29**を選択します。

　再生すると、5フレームかけてスマートフォン内でスライドします。

⠿ スマートフォン内だけ映像を表示させる ❷

図のように【cut002】、【cut003】、【cut004】、【カスタム】クリップ**1**を選択します。

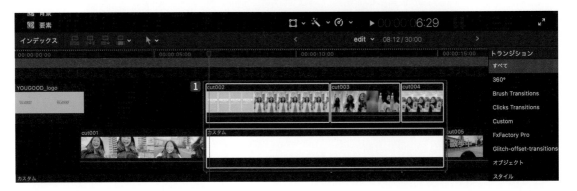

`,`キーを6回押して、6フレーム戻します。

【cut001】**2**を選択し、【6秒19フレーム】**3**の【位置】に【キーフレーム】**4**を作成します。

【6秒24フレーム】⑤に移動し、【cut001】クリップ⑥の【位置】にある【X】を【-1100.0】⑦に設定します。

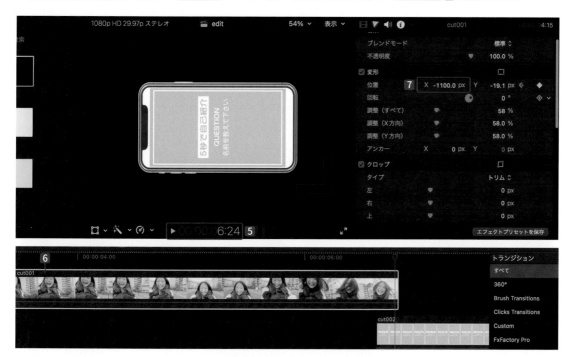

Ⓥキーを押して、【cut001】クリップを【無効にする】にして非表示にします⑧。

　【cut002】、【cut003】、【cut004】、【カスタム】クリップを選択⑨して、【新規複合クリップ】⑩（ option ＋ Ⓖ キー）を選択します。

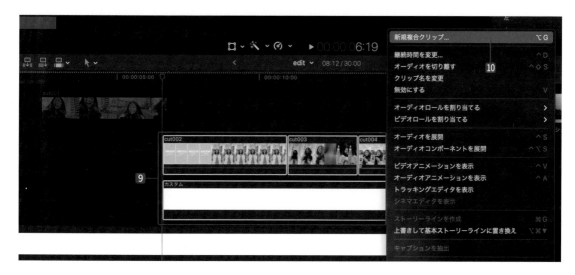

名前を【tate】**11**に設定します。

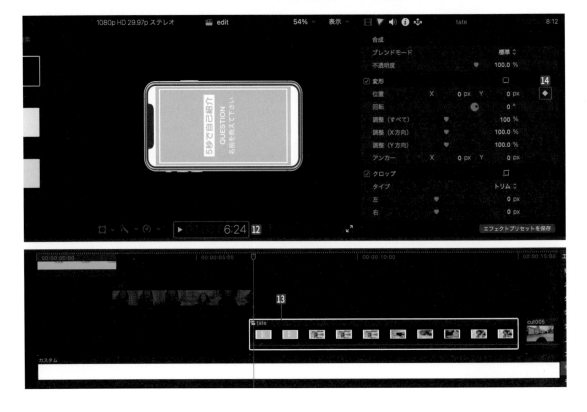

【6秒24フレーム】**12**に移動し、【tate】クリップ**13**の【位置】に【キーフレーム】**14**を作成します。

【6秒19フレーム】**15**の【位置】にある【X】を【1119.0】**16**に設定します。

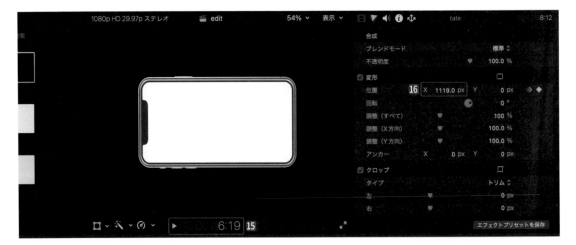

【cut001】クリップを選択して V キーを押して【有効】にし、表示させます。

こちらも【変形】17をクリックして、【cut001】18、【tate】19クリップともに下の図のポイントを右クリックして、コンテクストメニューから【直線状】を選択します。

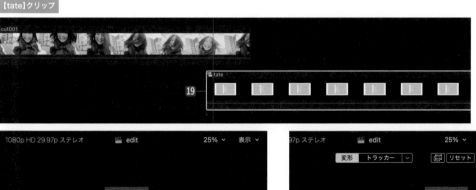

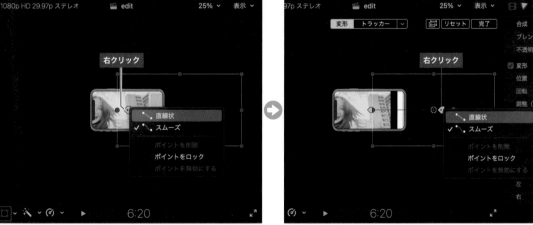

こちらも、5フレームかけて画面内でスライドします。

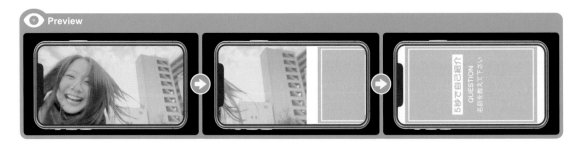

スマートフォン内だけ映像を表示させる ❸（複合クリップ内を調整する）

【smartphone】❶をコピーします。

【tate】クリップ❷をダブルクリックすると、【tate】内のタイムラインが表示されます。

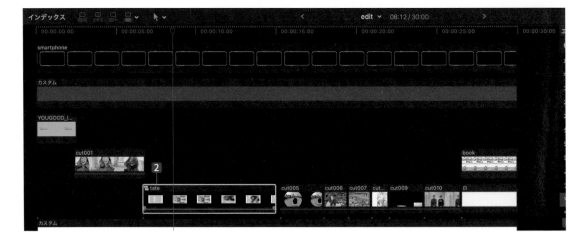

【smartphone】をペーストして、【0秒】の位置で一番上に配置**3**します。

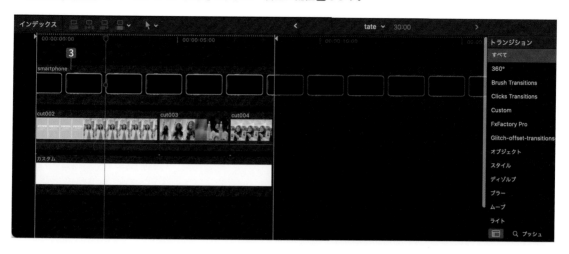

【cut003】、【cut004】を選択**4**して キーを6回押し、6フレーム戻します。

【4秒5フレーム】**5**の位置で【cut002】**6**を選択して、【位置】に【キーフレーム】**7**を作成します。

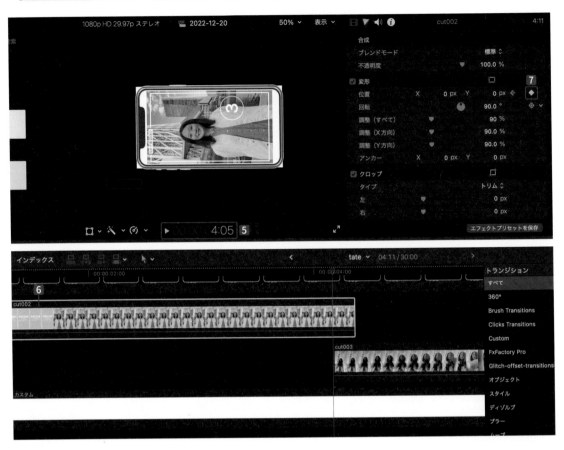

【4秒10フレーム】**8**の位置で【cut002】**9**を選択して、【位置】の【X】を【-1030.0】**10**に設定します。

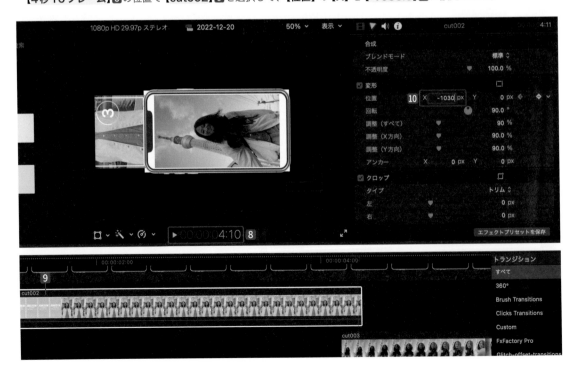

【4秒10フレーム】⓫の位置で【cut003】⓬を選択して、【位置】に【キーフレーム】⓭を作成します。

【4秒5フレーム】⓮の位置で【cut003】⓯を選択して、【位置】の【X】を【1042.0】⓰に設定します。

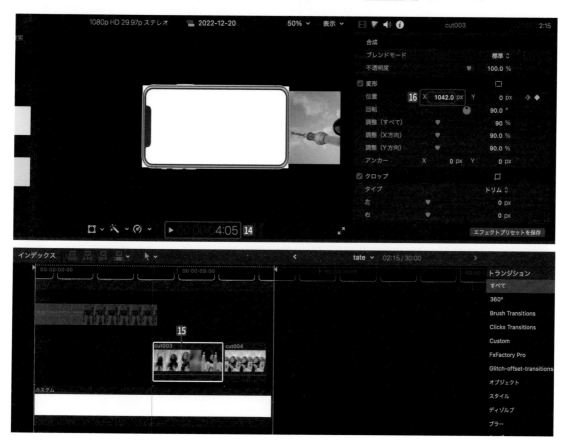

　こちらもモーションパスのポイントを右クリックして、コンテクストメニューから【直線状】を選択します（326ページ参照）。これで、きれいにスライドします。

後ろに飛び出た【カスタム】を【8秒6フレーム】まで縮めます**17**。

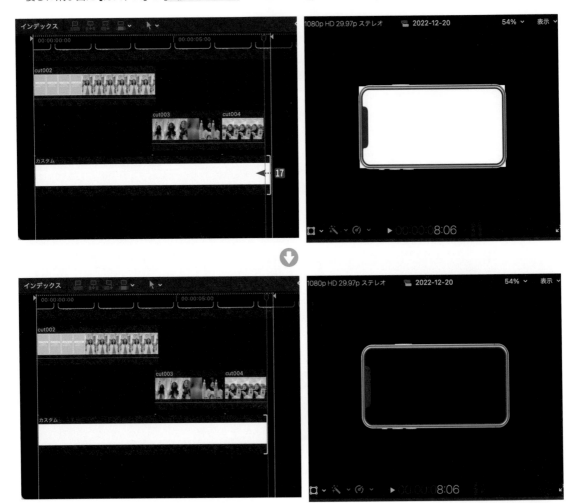

忘れないように、【tate】のタイムラインにある【smartphone】を【無効にする】（□Vキー）に設定**18**します。
◀**19**をクリックして、【edit】のタイムラインに戻ります。

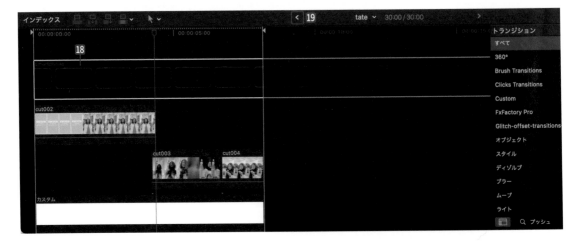

【14秒25フレーム】まで【tate】クリップを縮めます⑳。

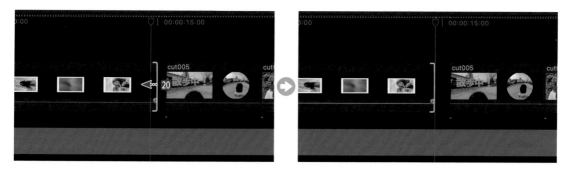

【cut005】以降のクリップを選択し、ブランクを詰めます㉑。

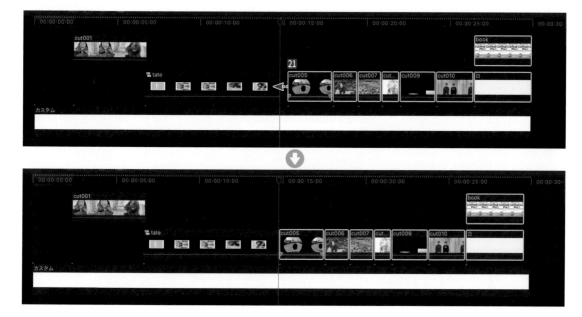

⠿ スマートフォン内だけ映像を表示させる❹

【cut009】❶を選択して、⌨キーを6回押して6フレーム戻します。

【21秒11フレーム】2の位置で【cut008】3を選択して、【位置】に【キーフレーム】4を作成します。

【21秒16フレーム】5の位置で【cut008】6を選択して、【位置】の【X】を【-1100.0】7に設定します。

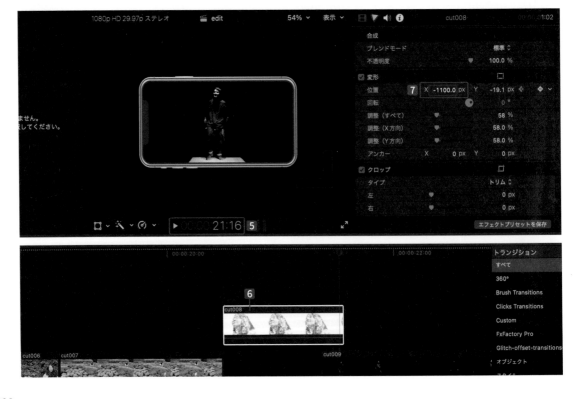

【21秒16フレーム】❽の位置で【cut009】❾を選択して、【位置】に【キーフレーム】❿を作成します。

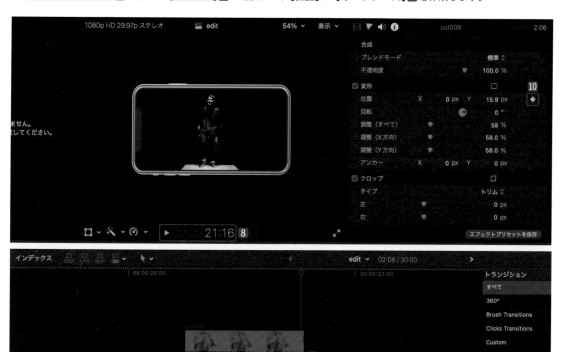

【21秒11フレーム】⓫の位置で【cut009】⓬を選択して、【位置】の【X】を【1100.0】⓭に設定します。

　こちらもモーションパスのポイントを右クリックして、コンテクストメニューから【直線状】を選択します（326ページ参照）。これで、きれいにスライドします。

∷ スマートフォン内だけ映像を表示させる ❺

【cut010】以降のクリップを詰めていきます❶。

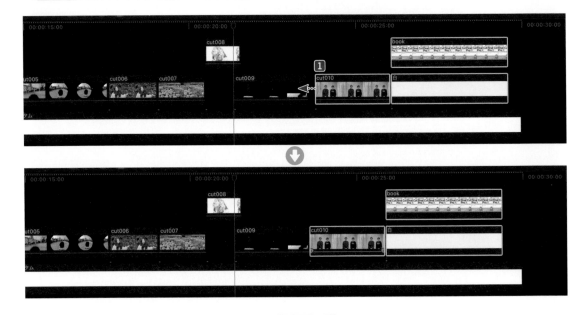

【白】と【book】を選択❷して、【新規複合クリップ】（ option ＋ G キー）を選択します。

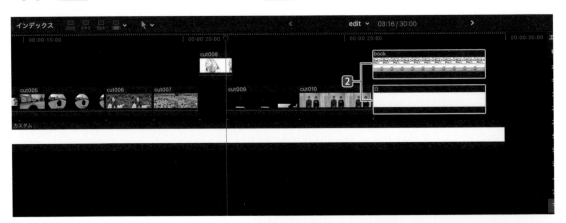

【複合クリップ名】を【last】❸と入力します。

【last】❹を選択して , キーを6回押し、6フレーム戻します。

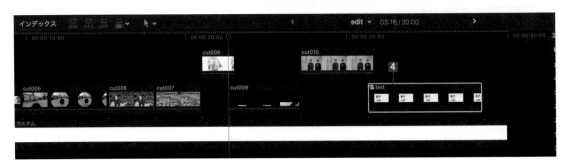

【25秒20フレーム】**5**の位置で【cut010】**6**を選択して、【位置】に【キーフレーム】**7**を作成します。

【25秒25フレーム】**8**の位置で【cut010】**9**を選択して、【位置】の【X】を【-1100.0】**10**に設定します。

【25秒25フレーム】⓫の位置で【last】⓬を選択して、【位置】に【キーフレーム】⓭を作成します。

【25秒20フレーム】⓮の位置で【last】⓯を選択して、【位置】の【X】を【1100.0.0】⓰に設定します。

　こちらもモーションパスのポイントを右クリックして、コンテクストメニューから【直線状】を選択すると（326ページ参照）、きれいにスライドします。

後ろのクリップが足りていないので伸ばします。【last】クリップ17をダブルクリックします。

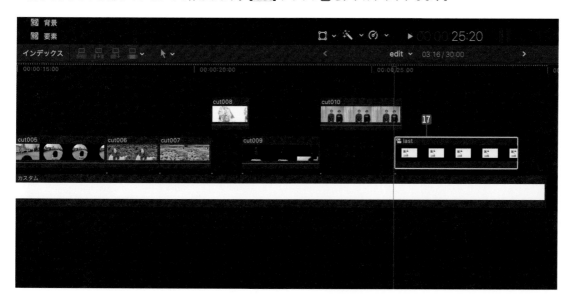

2つの【クリップ】を多めに伸ばします18。◀19をクリックして、【edit】タイムラインに戻ります。

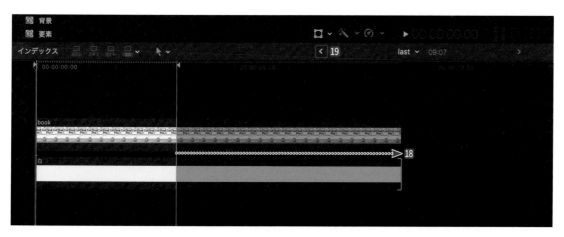

【30秒】20まで伸ばします。

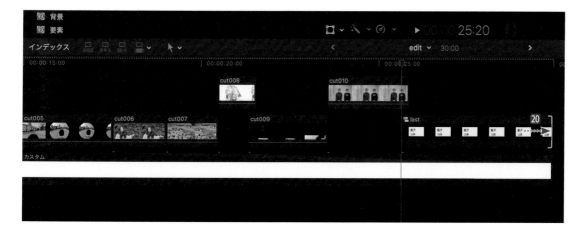

:: スマートフォンをアニメーションする

　赤い【カスタム】クリップの合成モードが【ステンシルアルファ】のため、一番下の白い背景も見えなくなっているので、表示させていきます。

　一番下の白い【カスタム】クリップ以外を選択し、【新規複合クリップ】**1**（option＋Gキー）を選択します。
【複合クリップ名】を【all】**2**と入力します。

【0秒】**3**に移動して【all】**4**をクリックし、【位置】に【キーフレーム】**5**を作成します。【調整（すべて）】を【200】**6**に設定して、【キーフレーム】**7**を作成します。

【15フレーム】**8**に移動して、【位置】の【Y】を【190】**9**に設定します。【調整（すべて）】を【100】**10**に設定します。

再生すると、ロゴのアップからズームアウトのアニメーションになります。
この【モーションパス】の両端**11 13**も、【直線状】**12 14**に設定します。

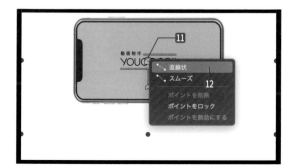

【6秒19フレーム】15に移動して、【位置】、【回転】、【調整（すべて）】に【キーフレーム】16を作成します。

【6秒29フレーム】17に移動して、【位置】の【X】を【-393.7】、【Y】を【8】、【回転】を【-90】、【調整（すべて）】を【90】に設定18します。これで、縦動画が綺麗に見えます。

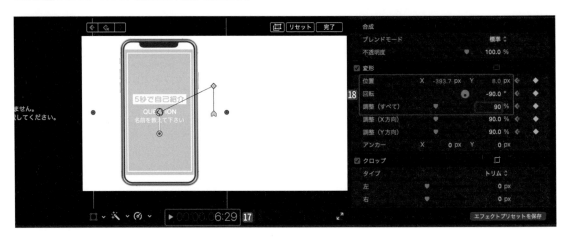

この【モーションパス】の2点19 21も、【直線状】20 22に設定します。

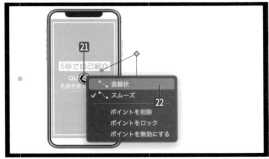

【14秒25フレーム】23に移動して、【位置】、【回転】、【調整（すべて）】に【キーフレーム】24を作成します。

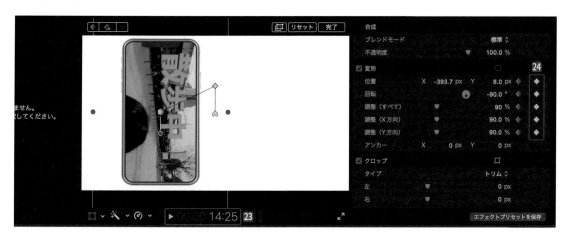

【15秒5フレーム】25に移動して、【位置】の【X】を【0】、【Y】を【190.0】、【回転】を【0】、【調整（すべて）】を【100】に設定26します。これで、横型動画がきれいに見えます。

この【モーションパス】の2点27 29も、【直線状】28 30に設定します。

【26秒】**31**に移動して、【位置】、【調整（すべて）】に【キーフレーム】**32**を作成します。

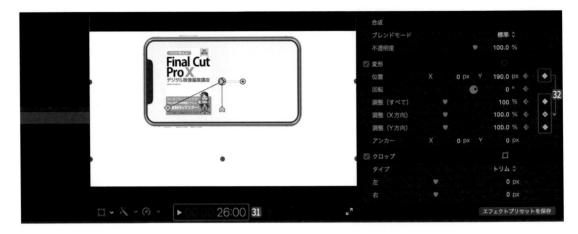

【26秒10フレーム】**33**に移動して、【位置】の【Y】を【0】**34**、【調整（すべて）】を【200】**35**に設定します。

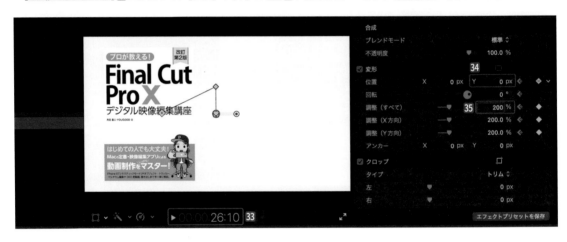

この【モーションパス】の2点**36 38**も、【直線状】**37 39**に設定します。

再生すると、動画の性質に沿ったスマートフォンのアニメーションになります。

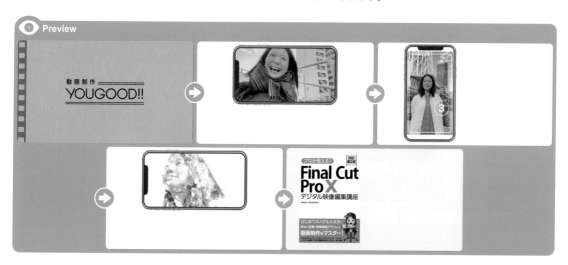

:: テキストアニメーションを作る❶

【2秒15フレーム】**1**に移動して【ジェネレータ】の【カスタム】**2**を配置し、【Color】**3**を【マゼンダ】**4**に設定します。

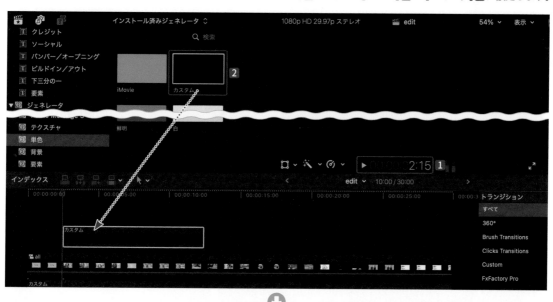

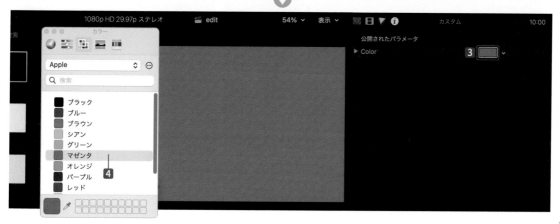

　【ビデオインスペクタ】**5**から【クロップ】の【左】は【300.0】、【右】は【300.0】、【上】は【740.0】、【下】は【150.0】に設定**6**します。

　【カスタム】**7**の【テキスト】クリップを配置します。【Vlogを作ろう！】**8**と入力します。
　【サイズ】は【140】**9**、【フォント】は【ヒラギノ角ゴシック】の【W6】**10**、【文字間隔】は【9.75】**11**に設定します。

【テキスト】クリップの【ビデオインスペクタ】**12**から【位置】の
【Y】を【-345.9】**13**に設定します。

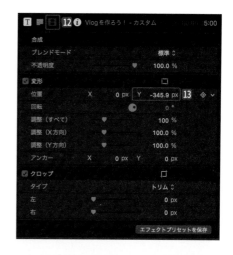

2つのクリップを【6秒19フレーム】**14**にお尻合わせにします。

【2秒25フレーム】**15**に移動して【カスタム】クリップ**16**を選択し、【位置】に【キーフレーム】**17**を作成します。

351

【2秒15フレーム】⑱に移動して、【位置】の【X】を【113.0】⑲に設定します。

【2秒25フレーム】⑳に移動して【テキスト】クリップ㉑を選択し、【位置】に【キーフレーム】㉒を作成します。

【2秒15フレーム】**23**に移動して、【位置】の【Y】を【-517.9】**24**に設定します。

【2秒15フレーム】**25**の位置で【カスタム】クリップ**26**をコピー&ペースト**27**します。

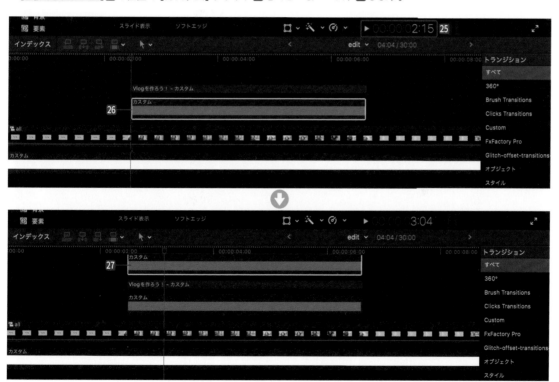

ペーストされた上の【カスタム】クリップ②の【ブレンドモード】②を【ステンシルアルファ】③に設定して再生すると、マゼンダの帯の部分に来たテキストだけが表示されます。

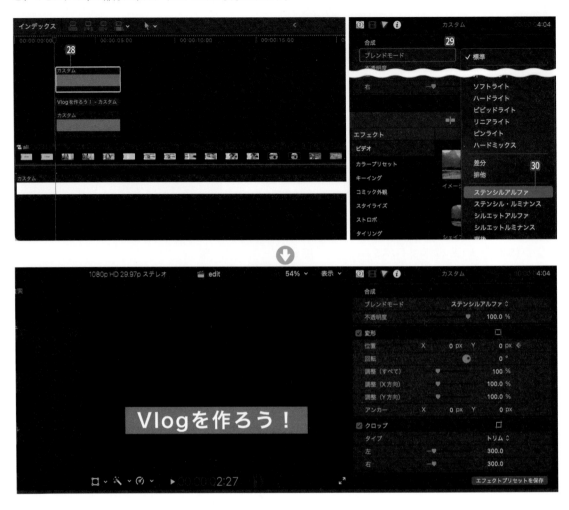

【2秒15フレーム】③に移動して下のクリップ②を選択し、【ビデオインスペクタ】③の【不透明度】を【0】③に設定して【キーフレーム】③を作成します。

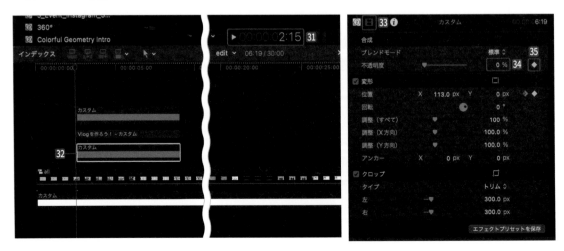

【2秒25フレーム】36 に移動して、【不透明度】を【100】37 に設定します。

3つのクリップ38 を選択して、【新規複合クリップ】39（ option ＋ G キー）を選択します。
【複合クリップ名】を【t001】40 と入力します。

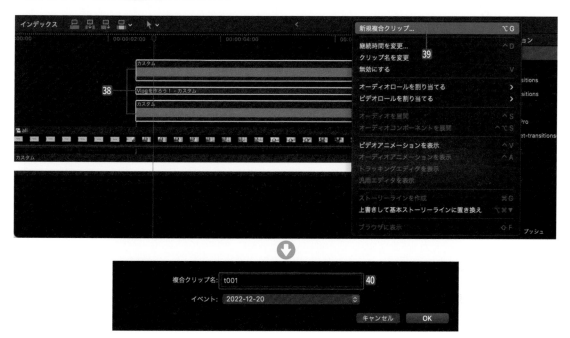

【t001】クリップの右端をクリックして、 command ＋ T キーでディゾルブを適用**41**します。
ドラッグして【15フレーム】に設定**42**します。

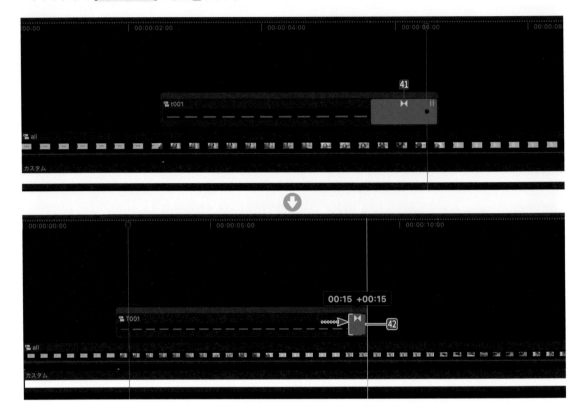

⠿ テキストアニメーションを作る❷

【t001】クリップをダブルクリックして【t001】内のタイムラインを表示し、一番下の【カスタム】クリップ❶を右クリックして、コンテクストメニューから【ストーリーラインからリフト】❷（ option ＋ command ＋▲キー）を選択します。

一番上に移動した【カスタム】❸を図のように【テキストクリップ】の下❹に配置します。

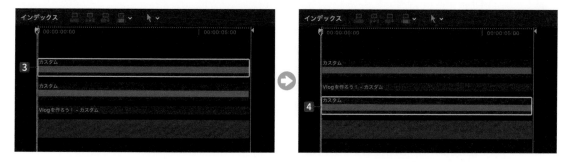

タイムライン内のクリップ❺をすべてコピーします。◀❻をクリックして【edit】のタイムラインに戻ります。

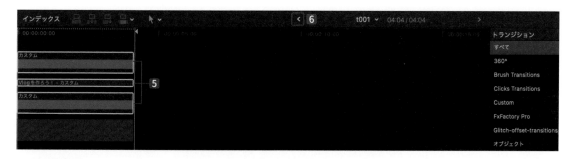

【6秒29フレーム】の位置でペースト❼します。

【テキスト】クリップ**8**を選択して、【自己紹介動画を作ろう！】に変更します**9**。
【サイズ】は【110】**10**、【文字間隔】は【5】**11**に設定します。

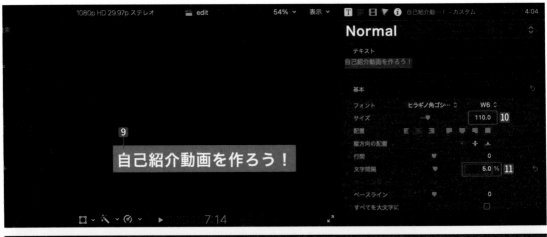

3つのクリップ**12**を選択して、【新規複合クリップ】**13**（ option ＋ G キー）を選択します。
【複合クリップ名】を【t002】**14**と入力します。

【t002】クリップを【10秒24フレーム】まで縮めます⑮。

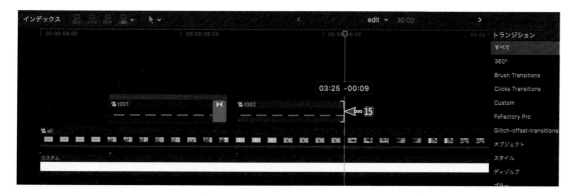

【t002】クリップの【位置】の【X】を【350.7】、【Y】を【363.0】⑯、【調整（すべて）】を【85】⑰に設定します。

【t001】のディゾルブ⑱をコピーして、【t002】の右端をクリックしてペースト⑲します。

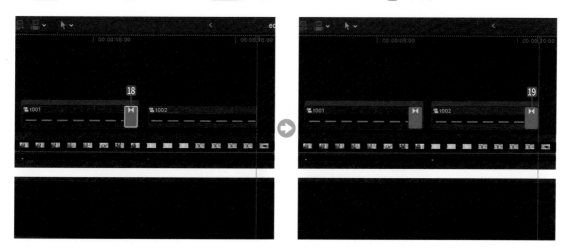

:: テキストアニメーションを作る ❸

【t001】クリップをダブルクリックして、タイムライン内の3つのクリップ❶をコピーします。
❷をクリックして、【edit】のタイムラインに戻ります。

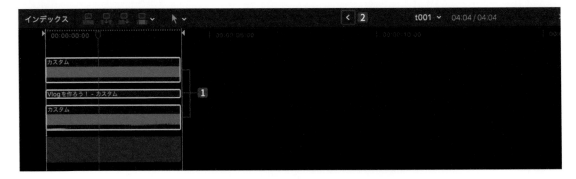

【11秒】の位置でペースト❸します。【テキスト】を【動画に使える演出レシピ】❹に変更します。
【サイズ】は【110】❺、【文字間隔】は【5】❻に設定します。

3つのクリップ❼を
【21秒10フレーム】
まで伸ばします。

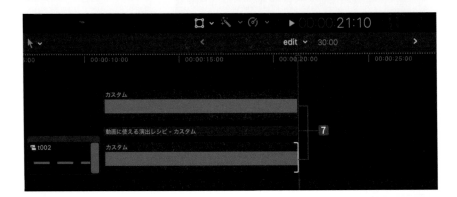

3つのクリップ8を選択して、【新規複合クリップ】9（option ＋ G キー）を選択します。
【複合クリップ名】を【t003】10と入力します。

【t002】11クリップをコピーします。

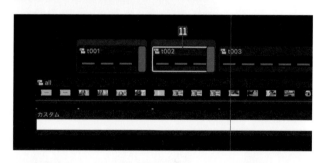

【t003】クリップ12に【パラメータをペースト】（shift ＋ command ＋ V キー）します。
【位置】と【調整】をオンにします13。

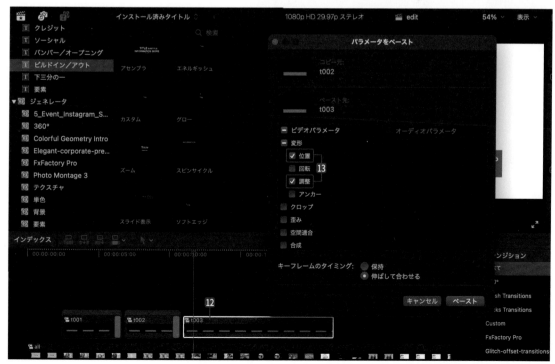

【14秒24フレーム】⓮で【t003】⓯の【位置】と【調整（すべて）】に【キーフレーム】⓰を作成します。

【15秒5フレーム】⓱に移動して、【位置】の【X】と【Y】を【0】⓲、【調整（すべて）】を【100】⓳に設定します。

同様にクリップの後ろに15フレームのディゾルブをペースト⓴します。

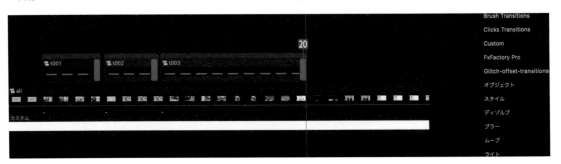

∷ テキストアニメーションを作る❹

【t001】クリップをダブルクリックして、タイムライン内のクリップ❶をすべてコピーします。
◀❷をクリックして、【edit】のタイムラインに戻ります。

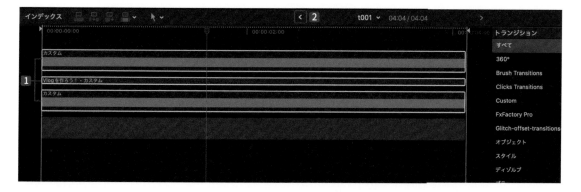

【21秒16フレーム】の位置でペースト❸します。【テキスト】を【映像作品を作ろう！】❹に変更します。
【サイズ】は【120】❺、【文字間隔】は【9.75】❻に設定します。

3つのクリップ**7**を選択して【**新規複合クリップ**】**8**（ option ＋ G キー）を選択し、【**複合クリップ名**】を【**t004**】**9**と
します。

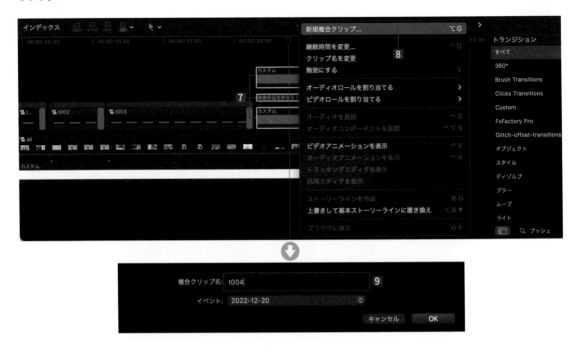

同様に、【**ディゾルブ**】をペースト**10**します。

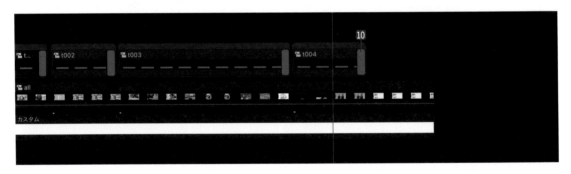

∷ テキストアニメーションを作る❺

【カスタム】❶のテキストクリップを【26秒10フレーム】❷に配置します。飛び出た部分は縮めます。

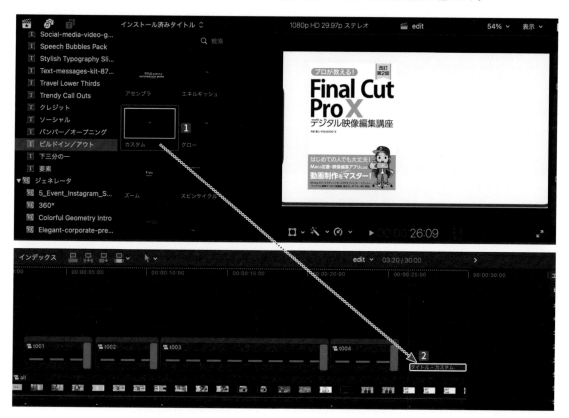

テキストを【2023年2月21日発売】❸に変更します。【テキストインスペクタ】❹で【ヒラギノ角ゴシック】の【W6】❺、【サイズ】は【90】❻に設定します。【カラー】は【ブラック】❼です。

【ビデオインスペクタ】❽で【X】は【390.1】、【Y】は【45.8】に設定❾します。

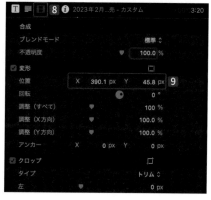

【t001】クリップをダブルクリックして、タイムライン内のクリップ**10**をすべてコピーします。
11をクリックして、【edit】のタイムラインに戻ります。

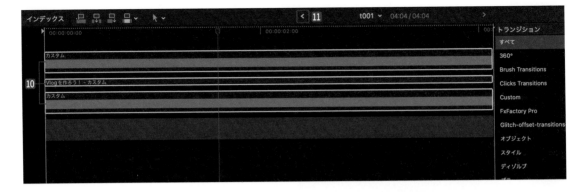

【26秒10フレーム】の位置でペースト**12**します。【テキスト】を【ダウンロード素材付き！】**13**に変更します。

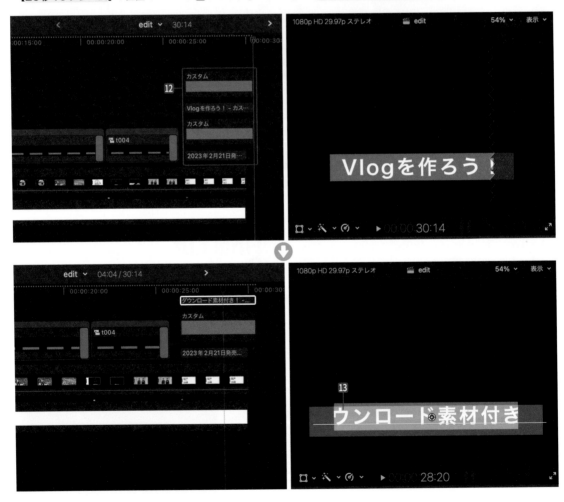

【サイズ】は【110】**14**、【文字間隔】は【5】**15**に設定します。

3つのクリップ**16**を選択して、【新規複合クリップ】**17**（ option ＋ G キー）を選択します。
【複合クリップ名】を【t005】**18**と入力します。

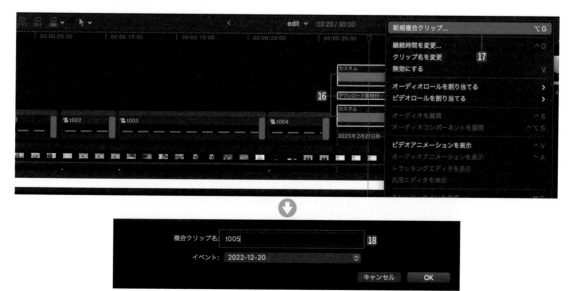

【t005】クリップ⓳を選択して、【位置】の【X】は【380.0】、【Y】は【94.7】に設定⓴します。
【調整（すべて）】は【48.0】㉑に設定します。

【26秒20フレーム】㉒に移動して下のテキストクリップ㉓を選択し、【位置】に【キーフレーム】㉔を作成します。

【26秒10フレーム】㉕に移動して、【位置】の【X】を【1429.1】㉖に設定します。

【26秒20フレーム】を頭合わせに【t005】クリップを配置㉗し、30秒に縮めます㉘。

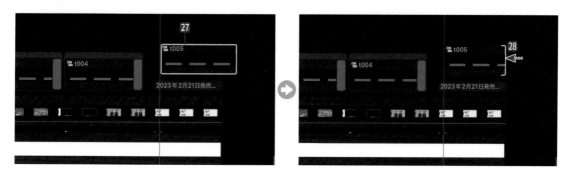

もう少しで完成なので、頑張りましょう！

:: 背景を変更する

テキスト内容の変化とともに、背景を変化していきます。
【2秒10フレーム】**1**で下の白い【カスタム】をカット**2**します。

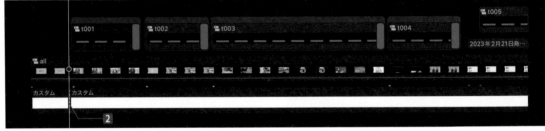

　同様に、【6秒19フレーム】**3**、【10秒24フレーム】**4**、【21秒11フレーム】**5**、【25秒20フレーム】**6**でカットします。

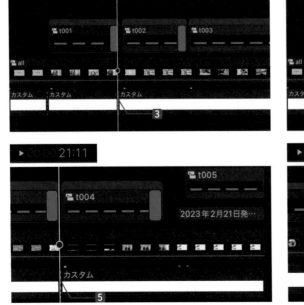

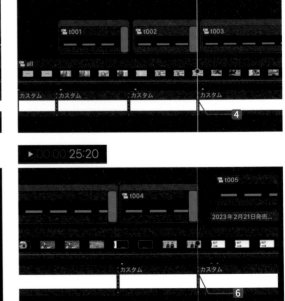

色を変更します。2つ目のクリップは【イエロー】**7**、3つ目のクリップは【シアン】**8**、4つ目のクリップは【オレンジ】**9**、5つ目のクリップは【RGBつまみ】**10**から【BF6154】**11**、6つ目のクリップは【白】**12**のままです。

【トランジション】パネル⓭を開いて【すべて】⓮を選択し、【プッシュ】⓯と入力します。
背景のクリップの合間にドラッグ⓰して適用します。

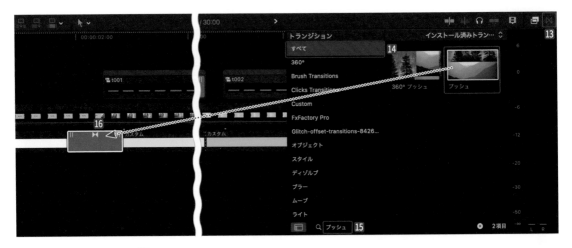

トランジションアイコン⓱をクリックします。
【Direction】を【Left to Right】⓲に設定すると、左から右に背景が押し出されます。

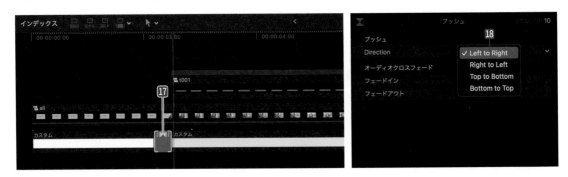

さらにトランジションアイコンを縮めて⓳、8フレームに変更します。

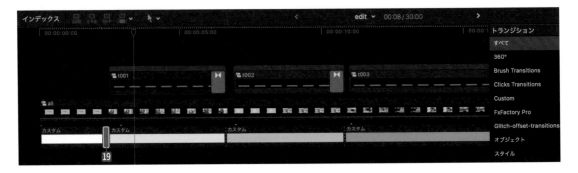

トランジションアイコンをコピーして、他のクリップ間もペースト⓴します。これで完成です！

TIPS　Compressorによる書き出し

ここでは、動画の書き出し用アプリケーション【Compressor】の使い方について、簡単に説明します。

Compressorへ送信する

【Final Cut Pro X】の【ファイル】メニューの
【Compressorへ送信】から【新規バッチ】を選択す
ると**1**、【Compressor】が起動します**2**。

Compressorには、Final Cut Pro Xの書き出しにはない、さまざまな
設定が用意されています**3**。

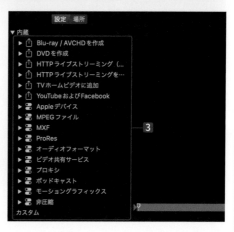

次ページに続く

373

一般的なWeb動画で使用されるmp4動画として、【YouTubeおよびFacebook】にある【最大4K】**4**をドラッグ＆ドロップします。

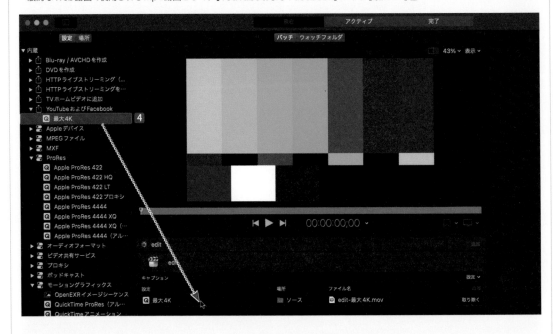

【最大4K】**5**の項目をクリックすると、右側のパネルに詳細な設定が表示され**6**、動画のデータレートなども変更できます**7**。

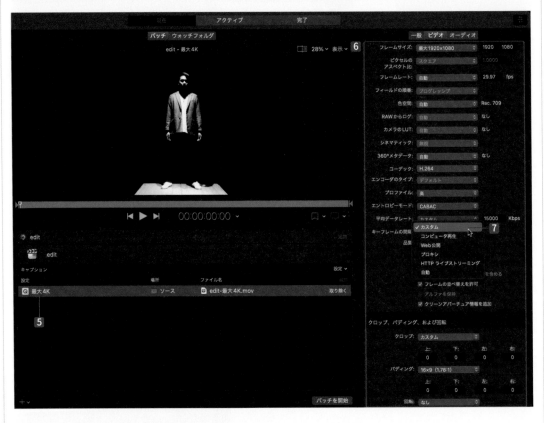

次ページに続く

【最大4K】の項目を右クリックすると⑧、コンテクストメニューの【場所】⑨から保存先を選択できます。
ここでは【その他】⑩を選択して【デスクトップ】を選択し⑪、【選択】ボタンをクリックします⑫。

【バッチを開始】ボタンをクリックすると⑬、書き出しが開始されます。

現在の状況が把握できる【アクティブ】パネルが表示され、進行状況や残り時間を確認できます⑭。

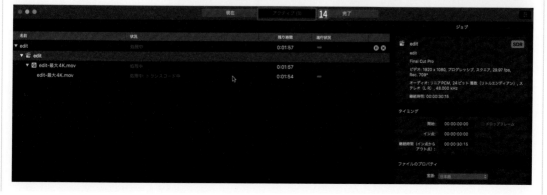

次ページに続く

書き出しが終了すると、【QuickTime Player】で
データが作成されます⓯。
指定ビットレートのデータ作成など、【Final Cut
Pro X】ではできない詳細な設定ができるようにな
ります。

ドラッグ＆ドロップして変換する

また、【アプリケーション】フォルダにある
【Compressor】アイコンをダブルクリッ
クして起動し❶、既存の映像データを
【Compressor】にドラッグ＆ドロップし
て直接読み込んで❷、変換することも可能
です❸。

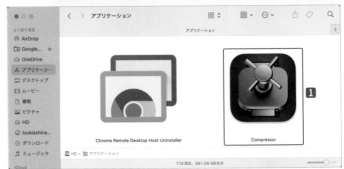

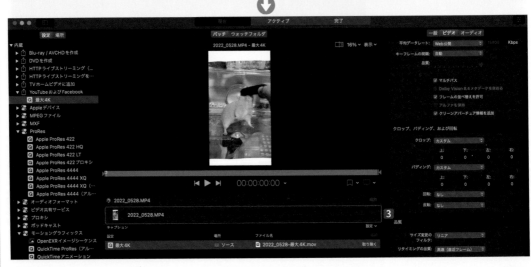

サンプルファイルについて

　本書の解説で使用しているサンプルファイルは、弊社のサポートページからダウンロードすることができます。

　本書の内容をより理解していただくために、作例で使用するFinal Cut Pro Xのライブラリファイルや各種の素材データなどを収録しています。本書の学習用として、本文の内容と合わせてご利用ください。

　なお、権利関係上、配付できないファイルがある場合がございます。あらかじめ、ご了承ください。

　詳細は、弊社ウェブサイトから本書のサポートページをご参照ください。

本書のサポートページ　　　　　　　　　　　　　**解凍のパスワード**（英数モードで入力してください）

http://www.sotechsha.co.jp/sp/1316/　　　　**FCP2023x**

● サンプルファイルの著作権は制作者に帰属し、この著作権は法律によって保護されています。これらのデータは、本書を購入された読者が本書の内容を理解する目的に限り使用することを許可します。営利・非営利にかかわらず、データをそのまま、あるいは加工して配付（インターネットによる公開も含む）、譲渡、貸与することを禁止します。

● サンプルファイルについて、サポートは一切行っておりません。また、収録されているサンプルファイルを使用したことによって、直接もしくは間接的な損害が生じても、ソフトウェアの開発元、サンプルファイルの制作者、著者および株式会社ソーテック社は一切の責任を負いません。あらかじめご了承ください。

主に使用するショートカットキー

Final Cut Pro Xでショートカットキーを使用する場合は、【英数】モードで入力する必要があります。
また、キーボードの設定によって異なる場合もあります。

操作内容	キーボード
新規プロジェクト	command + N キー
新規イベント	option + N キー
新規フォルダ	shift + command + N キー
アプリケーションを隠す	command + H キー
キーボードカスタマイズ	option + command + K キー
ライブラリを開く	command + O（アルファベット：オー）キー
環境設定	command + ,（カンマ）キー
終了	command + Q キー
コピー	command + C キー
カット	command + X キー
ペースト	command + V キー
削除	delete キー
すべてを選択	command + A キー
すべてを選択解除	shift + command + A キー
取り消す	command + Z キー
やり直す	shift + command + Z キー
ブレード	command + B キー
すべてをブレード	shift + command + B キー
継続時間を変更	control + D キー
クリップを使用する／使用しない	V キー
オーディオを展開	control + S キー
ギャップを挿入する	option + W キー
新規複合クリップ	option + G キー
スナップ	N キー
パラメータをペースト	shift + command + V キー
パラメータを削除する	shift + command + X キー
エフェクトを削除する	option + command + X キー
リタイミングエディタ	command + R キー
【ブラウザ】に表示する	shift + F キー
【ブラウザ】でイベントをゴミ箱に入れる	command + delete キー

操作内容	キーボード
Finder に表示する	shift + command + R キー
マーカーを追加する	M キー
マーカーを追加して変更する	option + M キー
範囲開始点を設定／範囲終了点を設定	I (アルファベット：アイ)キー／ O (アルファベット：オー)キー
上下に移動する	▼ キー／ ▲ キー
10フレーム進む／10フレーム戻る	shift + ▶ キー／ shift + ◀ キー
次のフレームに移動／前のフレームに移動	▶ キー／ ◀ キー
ズームイン／ズームアウト	command + + (プラス)キー／ command + - (マイナス)キー ※一部の機種では、ズームインは command + ^ (ハット)キーを使用
ウインドウに合わせる	shift + Z キー
バックグラウンドタスク	command + 9 キー
再生ヘッドの位置を移動する	control + P キー
再生ヘッドから再生	option + space キー
フルスクリーンで再生	shift + command + F キー
再生／一時停止	space キー
逆再生	J キー
ループ再生	command + L キー
順方向に再生	L キー
停止	K キー
デフォルトの出力先で共有する	command + E キー
すべてレンダリング	control + command + R キー
選択部分をレンダリング	control + R キー
【選択】ツール	A キー
【ブレード】ツール	B キー
【クロップ】ツール	shift + C キー
【歪み】ツール	option + D キー
【ハンド】ツール	H キー
【位置】ツール	P キー
【変形】ツール	shift + T キー
【トリム】ツール	T キー
【ズーム】ツール	Z キー

INDEX

● 月足 直人 (つきあし なおと)

映画監督 / 動画家。1981年生まれ・神戸出身。

フリーランスで映画・広告動画の企画演出を行う。
『おもしろくてタメになる』をコンセプトに様々なジャンルの
映像コンテンツを制作・配信中。また、オリジナルショート
ムービーが国内外の映画祭で受賞。
代表作に、『こんがり』『のぞみ』『フツー』などがある。

『iPhoneで撮影・編集・投稿 YouTube動画編集 養成講座』
『YouTube・Instagram・TikTokで大人気になる！ 動画クリ
エイター 養成講座』『プロが教える！ Final Cut Pro X デジ
タル映像 編集講座』『プロが教える！ Premiere Pro デジタ
ル映像 編集講座 CC対応』『プロが教える！ After Effects
デジタル映像制作講座 CC/CS6対応』『プロが教える！
iPhone動画撮影 & iMovie編集講座』『プロが教える！
After Effects アニメーション制作講座 CC対応』（すべて
ソーテック社）など、映像ソフトの参考書も多数執筆。

YOUGOOD!! HP ·····
https://www.eizouzakka.com/

YOUGOOD YouTube ハウツーコンテンツ ·····
https://www.youtube.com/@yougood9019

DEADMANS FILM YouTube エンタメコンテンツ ·····
https://www.youtube.com/@deadmansfilm7350

月足直人 Twitter ·····
https://twitter.com/tsukiashi_naoto

Special Thanks

女優：坂口 彩（https://ayasakaguchi.com/）

スマイルストーンおうち写真館（https://www.instagram.com/smilestone_studio/）
　嶋田 源三・嶋田 久美子

タップダンサー：橋本 拓人
　橋本 拓人 インスタグラム（https://www.instagram.com/takut.tap/　@takut.tap）
　スタジオガンバ インスタグラム（https://www.instagram.com/studio_gamba/　@studio_gamba）
　スタジオガンバ HP（www.gamba-tap.com）

機材協力：RICOH（THETA V）
　トップページ（https://www.ricoh.co.jp/）
　製品紹介（https://theta360.com/ja/）

著者紹介

ファイナル　カット　プロ　テン

プロが教える！Final Cut Pro X
デジタル映像 編集講座 改訂第2版

2023年2月28日　初版　第1刷発行

著　者	月足直人（YOUGOOD）
装　幀	広田正康
発行人	柳澤淳一
編集人	久保田賢二
発行所	株式会社ソーテック社
	〒102-0072　東京都千代田区飯田橋4-9-5　スギタビル4F
	電話（注文専用）03-3262-5320　FAX03-3262-5326
印刷所	大日本印刷株式会社

©2023 Naoto Tsukiashi
Printed in Japan
ISBN978-4-8007-1316-2

本書のご感想・ご意見・ご指摘は
http://www.sotechsha.co.jp/dokusha/
にて受け付けております。Webサイトでは質問は一切受け付けておりません。